# Annales de Géographie

La revue des *Annales de géographie* a été fondée en 1891 par Paul Vidal de la Blache. Revue généraliste de référence, elle se positionne à l'interface des différents courants de la géographie, valorisant la diversité des objets, des approches et des méthodes de la discipline. La revue publie également des travaux issus d'autres disciplines (de l'écologie à l'histoire, en passant par l'économie ou le droit), sous réserve d'une analyse spatialisée de leur objet d'étude.

Directeur de publication
**Nathalie Jouven**

Administration et rédaction
**Dunod Éditeur S.A.**
**11, rue Paul Bert, CS 30024, 92247 Malakoff cedex**

Rédacteurs en chef
**Véronique Fourault-Cauët et Christophe Quéva**
**annales-de-geo@armand-colin.fr**

Traductions en anglais
**Nicholas Flay**

Maquette
**Dunod Éditeur**

Périodicité
**revue bimestrielle**

Impression
**Imprimerie Chirat**
**42540 Saint-Just-la-Pendue**

N° Commission paritaire
**0925 T 79507**

ISSN
**0003-4010**

Dépôt légal
**décembre 2023, N° 202311.0182**

Parution
**décembre 2023**

D1670477

**Revue publiée avec le concours du Centre national du livre**

**© Dunod Éditeur**
Armand Colin est une marque de Dunod Éditeur

**Indexé dans / *Indexed in***
- PAIS International
- CAB International
- Bibliography and Index of Geology
- Geographical Abstracts (Geobase)
- Bases INIST (Francis et Pascal)
- Ebsco Discovery Service (EDS)
- Scopus

**En ligne sur / *Online on***
- www.revues.armand-colin.com
- www.cairn.info

# N° 754

**Novembre-décembre 2023**

132ᵉ ANNÉE

# Sommaire/Contents

# Une géographie mouvante : la composition des effectifs de la Légion étrangère (1831-2022)

## The moving geography of the French Foreign Legion recruitment (1831-2022)

### François-Michel le Tourneau

Directeur de recherche au CNRS, UMR 8586 PRODIG CNRS/Université Panthéon Sorbonne/IRD/Université de Paris/Agroparistech/Sorbonne Université

**Résumé**   Cet article documente l'évolution de la composition des effectifs de la Légion étrangère par zone de provenance au cours de son histoire. Il montre les mécanismes qui permettraient d'expliquer les fluctuations, et présente plus en détail la configuration de la Légion étrangère en 2022, démontrant la récente globalisation de ses effectifs et la montée des pays du « Sud global » au sein du recrutement depuis 2010. Pour ce faire, nous présentons dans un premier temps les origines et les spécificités de la Légion du point de vue de son recrutement. Dans un deuxième temps, nous balayons son histoire en montrant les changements des bassins géographiques de provenance en fonction des époques. Enfin, nous nous arrêtons sur la période contemporaine en regardant quels sont les déterminants de la globalisation, en cours à l'heure actuelle, de sa composition.

**Abstract**   *This paper documents the evolution of the geographical origins of the soldiers serving the French Foreign Legion along its history, as well as the mechanisms and dynamics that explain their fluctuations, with a particular focus on the situation in 2022. In order to draw what is a geographical perspective of the Legion, we first look at its beginnings and explain the specificities of the recruitment process. In a second part, we browse through the Legion's history and show how the geography of the recruitment has changed across nearly two centuries of existence. Last, we look at the current situation and try o explain why the Legion has lately seen a quick globalization of its composition, which is particularly obvious now.*

**Mots-clés**   Légion étrangère, recrutement, géographie du fait militaire, forces armées

**Keywords**   *French Foreign Legion, recruitment, military geography, armed forces*

La France est l'un des très rares pays à disposer d'une formation militaire, incluse au sein de son armée, ouverte à des étrangers désireux de servir son drapeau « avec honneur et fidélité », sans discrimination d'origine ou condition de séjour[1]. Mais si la Légion est « étrangère », le monde y est-il uniformément et totalement

---

1   Si l'usage de mercenaires est classique et encore répandu aujourd'hui, par exemple dans les armées des pays du Golfe persique, la possibilité pour des étrangers de servir dans une armée nationale avec les mêmes prérogatives et droits qu'un soldat local est rare : en Espagne, les personnels hispanophones d'Amérique latine peuvent servir dans l'armée, de la même manière que les citoyens du Commonwealth au Royaume-Uni ou ceux des pays de l'ex-URSS en Russie ; aux États-Unis, les détenteurs d'une carte verte peuvent s'engager indépendamment de leur nationalité, il en va de même au Danemark.

représenté ? La réponse est évidemment non. L'étude attentive des provenances des légionnaires montre que, malgré l'image de continuité que l'institution donne, la géographie sur laquelle la Légion est assise est un reflet partiel de la planète et qu'elle a considérablement varié entre ses premières décennies et sa configuration actuelle. On peut découper son histoire en trois grandes phases : celle de la « Légion frontalière », durant laquelle le recrutement rassemble avant tout des étrangers des pays voisins de la France, celle de la « Légion franco-allemande », qui voit une très large domination de ces deux provenances dans les effectifs, celle, plus récente, de la « Légion globale », qui voit une diversification sans précédent des pays d'origine, avec l'apparition de contingents importants venus d'Asie, d'Amérique latine ou d'Afrique et la domination désormais du « sud » dans les provenances des légionnaires.

Le but de cet article est de documenter cette évolution de la composition des effectifs par zone de provenance en fonction des époques[2], d'essayer de repérer des mécanismes qui permettraient d'expliquer les fluctuations, et de présenter plus en détail la configuration de la Légion étrangère telle qu'elle se présente en 2022. Pour ce faire, nous nous basons sur des données historiques secondaires (en particulier tirées de Hallo, 1994 et Houssin[3], 2019) mais aussi, pour la période récente, sur des données fournies directement par le commandement de la Légion étrangère (COMLE) et les services du 1er Régiment étranger dans le cadre de l'étude CNRS/Légion étrangère actuellement en cours[4]. L'ensemble de ces données est présenté dans des cartes et des graphiques destinés à donner une image la plus détaillée possible et à permettre la comparaison d'époque à époque. Il s'agit donc de proposer une géographie de la composition de la Légion, complémentaire des travaux d'histoire militaire qui lui ont déjà été consacrés.

Afin de montrer comment la Légion étrangère a vu sa composition se transformer, nous présenterons dans un premier temps les origines et les spécificités de la Légion du point de vue de son recrutement. Dans un deuxième temps, nous balayerons son histoire en montrant les changements dans les bassins de recrutement en fonction des époques. Enfin, nous nous arrêterons sur la période

---

Irlande, Belgique ou Luxembourg, qui acceptent des citoyens de l'UE ; enfin, Australie et Nouvelle-Zélande acceptent des militaires expérimentés de nations alliées dans leurs rangs. En revanche aucun pays ne propose de formation spécifique comparable à la Légion étrangère (compilation du site expat.com https://www.expat.com/en/expat-mag/7799-which-armed-forces-around-the-world-enlist-foreigners.html). Sur le fait que la Légion ne soit pas considérée comme une unité mercenaire, voir le § I.2 et la note 15.

2    Nous exclurons de cette analyse les périodes des conflits majeurs de 1870, 1914-1918 et 1939-1945, durant lesquelles des dispositions spéciales ont été mises en œuvre pour accueillir les flux d'étrangers désireux de s'engager aux côtés de la France, avec la création du statut « d'engagé volontaire étranger pour la durée de la guerre » (EVEDG). On peut d'ailleurs noter que tous les étrangers ainsi recrutés ne furent pas affectés dans des régiments de Légion, loin de là (Comor, 2013 ; 2015 ; Houssin, 2019).

3    Je souhaite remercier le Major Jean-Michel Houssin pour toutes les données issues de ses propres recherches qu'il m'a communiquées.

4    Étude sur « l'identité géographique » des légionnaires de la Légion étrangère, régie par une convention CNRS/Légion étrangère signée en avril 2022.

contemporaine en regardant quels sont les déterminants de la globalisation de sa composition, particulièrement nette depuis deux décennies.

# 1   Usage de troupes étrangères et origines de la Légion

## 1.1  Héritage de l'emploi des troupes étrangères et création de la Légion étrangère moderne (1831)

La France possède une longue tradition d'emploi de troupes étrangères pour ses guerres (Peschot *et al.*, 2013) et malgré la montée en puissance au XVIIIe siècle d'une armée permanente basée sur un recrutement local (Lynn, 2000), celles-ci continuaient de constituer jusqu'à un tiers du corps de bataille à la veille de la Révolution (Portelance, 2018). Bien que les conditions d'emploi, les origines et les proportions dans les forces françaises aient variée au cours de l'Ancien Régime, plusieurs nations ont particulièrement contribué aux guerres des rois de France, comme les Écossais, les Génois, les Savoyards, les Hollandais, les Allemands (les fameux reîtres et lansquenets, de sinistre mémoire) et, surtout, les Suisses, avec lesquels existait un lien particulier depuis le traité de Fribourg (1516)[5].

Cette tradition ne s'est pas brisée à la Révolution, et les armées révolutionnaires ont compté de nombreuses unités de nationaux étrangers. Dès 1792, une « Légion franche étrangère » a été organisée, transformée peu après en Légion batave. Suivront les légions germanique, sarde, etc. La Révolution aurait aligné une proportion importante d'étrangers dans son armée victorieuse à Valmy (Bruyère-Ostells, 2017), et leur emploi n'a jamais disparu malgré l'idée d'un nouveau lien entre la Nation et son armée et la levée en masse de 1793. En 1798, le Directoire signe même un nouveau traité avec les Suisses pour permettre à nouveau leur emploi (Porch, 2010 : XIV).

Sous l'Empire, et devant la demande toujours plus grande de troupes pour alimenter la machine de guerre napoléonienne, l'usage d'unités étrangères a continué avec une grande intensité, en plus de la conscription appliquée aux nations annexées à l'Empire. Bruyère-Ostells (2017) parle d'une proportion de 20 % d'étrangers dans les armées impériales, « *soit une moyenne semblable à celle d'Ancien Régime* ». Ainsi, dès 1805 des prisonniers russes et autrichiens sont enrôlés et forment les 1er et 2e « Régiments étrangers ». Sous la Restauration, ces régiments étrangers sont amalgamés dans la Légion royale étrangère (1815) qui se maintient jusqu'en 1830 sous le nom de Légion de Hohenlohe.

L'usage de « mercenaires », que l'on devait rétribuer pour les conserver, pouvait présenter plusieurs avantages. Il permettait ainsi de lever des troupes sans braquer la population. Des unités étrangères pouvaient aussi être utiles pour

---

5   Il est à noter que plusieurs historiens alertent sur le fait que les unités « d'Écossais » ou « d'Allemands » pouvaient selon les époques inclure des hommes provenant d'autres zones géographiques (Pays-Bas, Irlande, etc.). Elles constituaient en somme plus des façades commerciales que des réelles « appellations d'origine » ...

faire régner l'ordre car elles sont moins susceptibles d'être contaminées par des ardeurs révolutionnaires sur un sol qui n'est pas le leur (en témoigne l'attitude des gardes suisses lors de la Révolution). Par ailleurs, les troupes mercenaires n'étaient pas tellement moins combatives que les unités nationales et nombreux sont les exemples de batailles dans lesquelles elles se sont laissé tailler en pièces sans fuir. Ainsi, comme le théorisait le Maréchal de Saxe en 1748 – lui-même un étranger au service de la France, utiliser un homme d'une autre nationalité c'était en gagner trois : un soldat pris à un ennemi éventuel, un soldat national qui ne sera pas tué et un citoyen qui peut continuer à vaquer à ses activités économiques et faire prospérer la nation (Tozzi, 2014).

De peur d'une trop grande fidélité au régime précédent, la Légion de Hohenlohe est dissoute par la Monarchie de Juillet à l'été 1830. La France est alors brièvement démunie de troupes étrangères officielles, et elle n'offre plus de débouché pour ceux qui affluent sur son sol en conséquence de l'écho de l'onde révolutionnaire des Trois Glorieuses (Bruyère-Ostells, 2017). Une des principales préoccupations concerne les soldats étrangers, que le gouvernement s'est engagé en 1830 à ne pas extrader (Rigiel, 2019) mais dont on craint qu'ils puissent être source de troubles. En parallèle la France a été engagée par Charles X, à la fin de son règne, dans la conquête de l'Algérie. Elle a besoin de renforts pour la poursuivre, sans pouvoir indisposer son opinion publique en y engageant trop de nationaux. Le recours à un corps militaire étranger semble donc, une fois de plus, une excellente solution à pour régler plusieurs problèmes à la fois.

Néanmoins, méfiants de la possibilité de voir ce genre de troupe servir au monarque pour réprimer les libertés publiques, les rédacteurs de la Charte de 1830 y avaient stipulé qu'« aucune troupe étrangère ne pourra être admise au service de l'État qu'en vertu d'une loi » (article 13). Il a donc fallu d'abord une loi du parlement autorisant la création d'une « légion étrangère », signée le 9 mars 1831. Celle-ci stipule explicitement que cette nouvelle Légion ne peut être employée qu'en dehors du territoire du royaume (article 1)[6]. La Légion moderne est donc, à son origine et avant tout, un instrument voué à l'expansion coloniale ou aux conquêtes étrangères. Autorisé par la loi, le Roi prononce ensuite l'ordonnance du 10 mars, qui donne à la Légion son socle institutionnel.

### 1.2 Les originalités de la Légion depuis 1831

Un des points cruciaux de l'ordonnance du 10 mars est que le recrutement est très souple puisque les candidats doivent présenter des papiers mais qu'à défaut de ceux-ci l'autorité militaire peut accepter de les recevoir uniquement sur la base de leurs déclarations. Bien sûr ce principe n'avait à l'origine que vocation à fluidifier l'engagement afin de se débarrasser des anciens soldats étrangers

---

6    Un article auquel les gouvernements dérogeront à chaque conflit majeur (1870, 1914-1918, 1939-1945), utilisant largement la Légion sur les champs de bataille métropolitains à ces occasions.

résidant en France[7]. Pour autant, ce principe sera fondamental pour la suite de l'histoire de la nouvelle formation car c'est sur elles que sera créé l'anonymat du recrutement légionnaire (ou plutôt l'engagement sous « identité déclarée », en clair un pseudonyme), une des bases et une des plus grandes originalités de la Légion étrangère jusqu'à aujourd'hui. Progressivement codifié (Hallo, 1994 ; Koller, 2013 ; Comor, 2013), il a toujours été maintenu et fait encore l'objet d'articles particuliers dans les textes législatifs régissant la Légion aujourd'hui, presque dans les mêmes termes[8]. C'est lui qui permet l'engagement de Français, « déclarés » sous d'autres nationalités (suisse, belge, canadienne, ...), mais aussi à la Légion de se présenter comme une « deuxième chance dans la vie » pour des hommes « au passé turbulent »[9]. Ces spécificités (l'acceptation d'étrangers et l'anonymat) expliquent aussi que la Légion ait progressivement obtenu à la fin du XIXe siècle, et maintenu depuis, une autonomie sur son recrutement, au travers de différentes structures dont la dernière, créée en 2008, est le Groupement de Recrutement de la Légion étrangère, qui dispose de deux implantations principales à Nogent sur Marne et Aubagne, et de Points d'information (PILE) dans une dizaine de localités en métropole et outremer.

**Tab. 1**  Les bataillons de la « première Légion étrangère » (1831-1835) (Hallo, 1994 ; Montagnon, 1999).

*The batallions of the "first Foreign Legion" (1831-1835) (Hallo, 1994 ; Montagnon, 1999).*

| Bataillon | 1er | 2[e] | 3[e] | 4[e] | 5[e] | 6[e] | 7[e] |
|---|---|---|---|---|---|---|---|
| Nationalités | Suisses et anciens de Hohenhole | Suisses et Allemands | Suisses et Allemands | Espagnols | Sardes et Italiens | Belges et Hollandais | Polonais |

Une autre particularité de la Légion est l'amalgame entre les nationalités. Il est apparu vers 1835 et est entré définitivement dans l'organisation de la Légion après 1861[10] (Montagnon, 1999 ; Porch, 2010 ; Houssin, 2019). En effet, au moment de la création de la Légion et pour simplifier le commandement et l'interlocution à l'intérieur des unités, celles-ci étaient constituées selon les nations ou selon les groupes linguistiques, comme au temps des régiments étrangers employés par l'Ancien Régime. Ainsi, la Légion de 1831, envoyée en Algérie, comptait sept

---

7    D. Porch (2010) cite le Maréchal Soult, ministre créateur de la Légion, qui écrit en 1831 : « [...] la *Légion étrangère a été formée dans le seul but d'ouvrir un débouché et de donner une destination aux étrangers qui affluent en France et qui pouvaient y être un sujet de perturbation [...]»*

8    Loi du 2005-270 du 24 mars 2005, titre III, chapitre 2, article 83 et décret n° 2008-956 du 12 septembre 2008 relatif aux militaires servant à titre étranger, articles 9 et 10.

9    À l'encontre de nombreux mythes et fantasmes, il faut toutefois souligner que dès l'origine et plus encore de nos jours, cette seconde chance est strictement encadrée, et que les « bêtises » que la Légion accepte de pardonner ne comprennent pas les crimes de sang, les trafics graves, les crimes contre l'humanité, etc.

10   À cette date, le 1er régiment étranger, principalement composé de Suisses depuis sa création en 1856, a été ouvert aux autres provenances. C'était le dernier régiment explicitement composé sur une base géographique définie.

bataillons basés sur ce principe (tableau 1)[11]. Mais les limites de cette organisation apparurent vite et, lorsque la Légion sera cédée à la régente Marie-Christine pour l'aider dans sa lutte contre les partisans du frère du roi défunt Ferdinand VII,[12] Don Carlos, le colonel Bernelle décida de mélanger les groupes[13]. Après quelques oscillations durant les deux décennies suivantes[14] (Hallo, 1994 ; Montagnon, 1999 ; Houssin, 2019), cette organisation, basée sur le fait d'éviter le plus possible les regroupements nationaux, est devenue la base de la ventilation des engagés dans la Légion et elle demeure d'actualité aujourd'hui. Elle permet d'éviter que les unités développent des particularismes basés sur les origines, mais elle évite aussi au recrutement, comme le pointe D. Porch (2010 : 28), d'être dépendant du contexte politique et économique d'un pays donné. Toutefois, l'application de cette politique dépend essentiellement de la composition du flux de volontaires. Ainsi les unités engagées en Indochine seront-elles très fortement germanisées, faute d'autres volontaires étrangers en nombre suffisant.

Deux derniers points du décret de 1831 doivent être commentés. Le premier stipule que le traitement salarial des légionnaires et leur organisation sont les mêmes que celui des autres unités françaises, à des petits détails d'uniforme près (article 3). Bien que la réalité ait rapidement dérogé à cette instruction et qu'il ait fallu attendre 1999 pour un alignement complet avec le reste de l'armée, en particulier sur le plan salarial (Hallo, 1994 ; Montagnon, 1999 ; Houssin, 2019), le principe est donc que la Légion est bien une composante de l'armée française destinée à servir quelles que soient les missions, en paix comme en guerre. Ce point est important car il permet, aujourd'hui encore, à la Légion étrangère de ne pas être considérée par l'ONU comme une troupe mercenaire[15].

Enfin, l'ordonnance du 10 mars organise le recrutement en France et non à l'étranger, à la différence des régiments étrangers de l'Ancien Régime. Hier comme aujourd'hui, il appartient donc aux candidats de se rendre sur le territoire national pour s'engager. On ne les débauchera pas dans leur pays[16]. Ce point s'avérera important lors de l'offensive diplomatique allemande contre la Légion,

---

11  Il faut toutefois se méfier de ces nationalités théoriques, des Français pouvant notamment s'y être glissés. C'est donc plus le principe d'organisation qui nous intéresse ici que le caractère réellement national de ces bataillons.

12  La révolte des « carlistes » entraînera une guerre civile en Espagne, de 1833 à 1839.

13  Le bataillon espagnol avait été libéré dès 1834 pour que ses membres puissent rejoindre la régente.

14  Par exemple, les deux régiments créés en 1840 opèrent malgré tout selon une division géographique, le premier employant principalement des « hommes du nord » et le second des Méditerranéens (Porch, 2010 : 75).

15  Dans la définition de l'ONU (*Protocole additionnel aux Conventions de Genève du 12 août 1949 relatif à la protection des victimes des conflits armés internationaux*, article 47), le mercenariat suppose un engagement spécifiquement lié à la participation à un conflit armé en cours et une rémunération substantiellement supérieure à celle des combattants de rang égal dans l'armée de la Partie concernée (alinéas 2a et 2c). Servant y compris en temps de paix et alignés sur la rémunération du reste de l'armée, les Légionnaires ne correspondent donc pas à cette définition.

16  Il faut néanmoins noter que des bureaux de recrutement existeront sur le sol allemand dans les régions sous administration française après les deux conflits mondiaux.

au début du XXe siècle (Biess, 2012 ; Montagnon, 1999), qui s'intégrera aux discussions qui ont mené à la convention de la Haye. Celle-ci interdit le recrutement sur le sol étranger, mais pas le recrutement étranger en lui-même. La Légion se trouvait donc « dans les clous ». Cette même convention interdira d'engager des soldats étrangers contre leur gré face à leur patrie d'origine. De ce fait, lors de chaque conflit majeur, la Légion étrangère a été réorganisée en « régiments de marche » composé de volontaires ce alors, que les légionnaires allemands ou italiens non volontaires pouvaient rester en Afrique et ne pas combattre contre leur patrie[17].

## 1.3 Une troupe symbolique

Tant l'usage de troupes étrangères que le vocabulaire de « légion » ou de « régiments étrangers » existaient avant 1831. Mais ces mots ne sont pas neutres. Selon Tozzi (2014), l'usage du mot « légion » par la Révolution aurait justement servi à différencier ces nouvelles unités des « régiments » (suisses, allemands, etc.) qui désignaient plutôt des unités mercenaires de l'armée royale. Peschot *et al.* (2013), eux, soulignent aussi que la désignation comme légion mot implique aussi une doctrine d'usage différente. Reflet de la conception romaine, une légion est un corps autonome, une sorte de mini-corps d'armée à elle seule, comprenant de nombreuses spécialités pour assurer ses propres approvisionnements, ses passages, etc. Elle peut évoluer de manière indépendante, en avant du gros de l'armée le cas échéant. Malgré les fluctuations nombreuses dans son organisation et dans son intégration dans l'armée française, il est tentant de rattacher ces caractéristiques à l'histoire de la Légion étrangère, notamment à la relative autonomie organique qu'elle a toujours cherchée et cultivée et à son insistance sur l'aspect de « bâtisseuse ».

Le sens donné à l'engagement étranger mérite aussi que l'on s'y arrête un peu. Si l'Ancien Régime utilisait des unités étrangères en payant le prix fort (Peschot *et al.*, 2013 ; Portelance, 2018), le projet des révolutionnaires de 1792 supposait, lui, une adhésion aux idéaux défendus par la France. L'engagement n'est donc plus réalisé par bataillons constitués mais sur la base d'un volontariat individuel (un principe repris par l'ordonnance de 1831, article 4). De ce fait, les légionnaires étrangers vont devenir un important instrument de propagande de la France, tant interne qu'externe. Ils illustrent le rayonnement du pays et la force de ses idées ou de ses desseins, pour lesquels des citoyens d'autres horizons sont prêts à verser leur sang. Cette dimension sera souvent mise en avant dans les grands conflits, comme les deux Guerres mondiales, et sera résumée par un limpide « *Because it's France* » par le Chicago Herald du 26 avril 1915 en décrivant le flux de dizaines de milliers d'étrangers ayant rejoint les rangs de l'armée française[18] contre l'Allemagne.

---

17  Sur ce point, concernant la Première guerre mondiale, voir Esclangon-Morin, 2014 : 136.

18  Et pas seulement de la Légion étrangère.

La dimension symbolique de la Légion et de son recrutement étranger est donc importante, comme le souligne (avec un peu d'ironie) D. Porch : « La France est convaincue qu'elle a un talent spécial, voire même un génie, consistant à organiser des étrangers pour se battre et mourir pour elle. C'est une réaffirmation du rôle particulier de la France comme terre d'asile, comme régénératrice des exilés de toute l'humanité » (2010 : 634). Cela explique que même si de nombreuses légendes noires ont pu courir sur elle ou sur les légionnaires à plusieurs époques, l'institution elle-même est toujours restée populaire. On peut toutefois parler, au moins jusqu'aux années 1960, d'une certaine ambivalence puisque si la population apprécie l'idée de ces volontaires venant combattre pour la France, leur emploi permet aussi de préserver les Français eux-mêmes et de ne pas engager trop de troupes nationales dans des conflits coloniaux parfois sanglants (Algérie, Tonkin, Maroc, Indochine et enfin, encore, Algérie). Toujours selon D. Porch, il semble que les légionnaires aient été, jusqu'à une période récente, plus *expandables* que d'autres troupes.

## 2   Une assise géographique mouvante

S'il est entendu que la Légion étrangère recrute des étrangers de manière souple et pragmatique, d'où viennent ces hommes qui acceptent de s'exposer pour servir la France ? L'examen de données primaires ou secondaires permet de voir à quel point le bassin de recrutement de la Légion a changé depuis sa création. Suivant le Général Hallo (1994), nous avons décidé dans ce travail de regarder la composition à partir de cette recréation, et plus particulièrement à partir de 1840 (figure 1). Malgré les risques d'anachronisme et afin de permettre une visualisation de la diversification croissante des provenances, en particulier durant la période contemporaine, nous avons fait le choix de distinguer dans les graphiques qui suivent neuf unités géographiques régionales qui semblaient pertinentes pour retracer la composition de la Légion : Europe de l'Ouest, Europe de l'Est, monde slave ou ex-URSS, monde arabe, Afrique, Amérique du Nord, Amérique latine, Asie, Pacifique. Quand les données et les effectifs le permettent, les principaux pays de provenance sont également détaillés.

### 2.1  *Première période (1831-1885) : la « Légion frontalière »*

Lors de sa création, la composition des nationalités présentes à la Légion étrangère reflète autant la géographie classique des troupes supplétives habituellement utilisées (Suisses, Belges, Hollandais) que l'agitation qui a lieu dans certains pays d'Europe (révolutions réprimées en Pologne, Belgique ou dans le centre de l'Italie), poussant certains de leurs habitants ou ex-soldats à émigrer en France. C'est d'ailleurs, comme on l'a souligné, la crainte des troubles qui auraient pu être causés par ces réfugiés qui a en partie mené à la loi de 1831 (Bruyère-Ostells,

2017). Cette « première Légion » disparaît rapidement en Espagne[19]. Elle est remplacée par une « deuxième Légion » formée sur ses talons[20] et qui forme la base du corps qui prendra de l'ampleur dans les décennies suivantes.

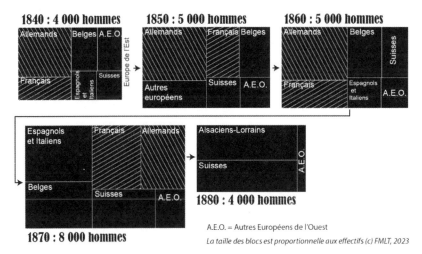

**Fig. 1**    Composition par provenance des effectifs de la Légion étrangère durant la première période, 1831-1885).

*French Foreign Legion troops by country of origin : first period (1830-1880).*

La Légion étrangère de cette époque peut être qualifiée de « frontalière », dans la mesure où elle regroupe principalement des nationaux de pays situés aux frontières immédiates de la France, à l'exception d'environ 8 % de Polonais. Le caractère de la « légion frontalière » se maintient durant tout le Second Empire – c'est cette Légion-là qui ira combattre en Crimée ou au Mexique. Durant tout ce temps également, les Allemands représentent le contingent le plus important et les Français viennent peu après[21].

À elles deux, ces provenances représentent autour de la moitié des effectifs. On notera qu'à l'exception temporaire des Polonais, déjà cités, très peu de nations lointaines sont représentées. La Légion ne semble pas avoir rapporté de volontaires russes ou mexicains[22] dans ses bagages. Concernant les populations

---

19  La France la cède à la monarchie espagnole pour sa lutte contre les Carlistes. Une poignée d'hommes reviendra en 1838 et il leur sera proposé de se réengager dans la « seconde légion », qui restera dorénavant la seule.

20  Ordonnance du 16 décembre 1835.

21  Sur les graphiques, ces deux nations sont représentées par un tramage en plus de la couleur jaune qui manifeste leur appartenance au boc d'Europe de l'ouest.

22  Ce alors que des Mexicains ont été incorporés à la division française au Mexique pour en compléter les effectifs.

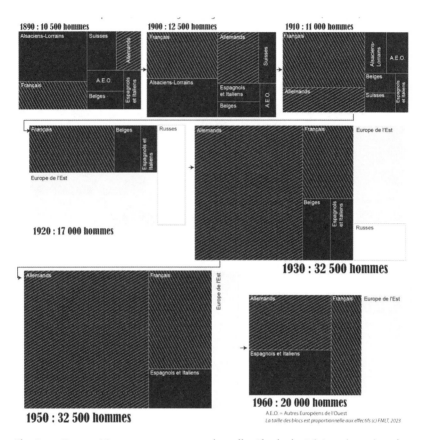

**Fig. 2** Composition par provenance des effectifs de la Légion étrangère durant la deuxième période, 1885-1962).

*French Foreign Legion troops by country of origin : the era of colonial conflicts (1885-1962).*

d'Algérie, elles n'apparaissent pas non plus, mais cela est normal vu qu'en parallèle, comme on le soulignera plus tard, des « troupes indigènes » sont mises sur pied.

Il faut souligner ici certaines limites des données sur lesquelles nous nous appuyons. Si elles sont sans aucun doute correctes pour situer les grandes masses, elles ne doivent pas être prises au pied de la lettre pour trois raisons. La première est que la possibilité de s'engager sans justificatif fait que ces nationalités sont déclaratives. Comme on le soulignera par la suite, de nombreux Français pourront se déclarer Suisses ou Belges pour s'engager, des Allemands se diront Alsaciens, etc. En second lieu, dans l'Europe du XIX^e siècle, les découpages nationaux que nous connaissons étaient en train de se consolider mais ils n'étaient pas nécessairement le cadre de référence. Ainsi les « Allemands » recouvrent plus probablement les « germanophones », incluant au moins aussi des Autrichiens, ou des minorités allemandes de Hongrie ou de Pologne (Neviaski, 2010). Enfin les compilations des données ne rendent peut-être pas justice à une diversité qui était un peu plus importante. Ainsi D. Porch mentionne-t-il des témoignages d'époque qui indiquent la surprise d'un légionnaire recruté en 1848 de voir un Chinois servir, ou d'un autre de 1914 soulignant la présence de « Turcs[23] » parmi les anciens (2010 : 121 ; 341). Villebois Mareuil (1896), lui, parle d'un « lettré arabe ». Ces cas semblent cependant avoir été plutôt de rares exceptions, ce qui explique que les auteurs en question les aient notés.

La guerre de 1870, qui verra la première dérogation au principe d'un emploi uniquement à l'étranger, entraîne de profondes mutations dans la composition des effectifs, qui dureront environ deux décennies. Tout d'abord, le recrutement allemand est tari durant la période 1870-1880, d'abord en conséquence de la guerre puis en fonction de l'interdiction de recruter des Allemands, édictée après la défaite. En second lieu, la France réserve aux Alsaciens-Lorrains et aux Suisses l'engagement dans la Légion. Les premiers représentent presque la moitié des effectifs en 1880, notamment parce que l'obligation de service dans l'armée allemande créait de nombreux réfractaires. La Légion est pour cela parfois désignée dans cette période comme le « régiment d'Alsace-Lorraine » (Porch, 2010 : 290). Les Suisses composaient presque la totalité du reste, malgré une loi de 1859[24] leur interdisant de servir dans une armée étrangère, et malgré des campagnes locales pour les dissuader (Koller, 2013). Celles-ci ne seront que peu efficaces puisqu'entre 30 000 et 40 000 Suisses serviront à la Légion entre sa création et les années 1960.

Cela étant, comme le souligne encore Porch (2010 : 171), les restrictions officielles ont probablement été largement contournées par les bureaux de recrutement, aidées par le fameux anonymat. Des Français, mais aussi des Allemands, se trouvaient donc probablement parmi les Suisses et Alsaciens-Lorrains.

Finalement, on peut noter la modestie des effectifs de la Légion durant cette première période. Hormis en 1870, elle représente 4 000 à 5 000 hommes, ce qui est le volume envisagé dès 1831. On ne peut donc pas dire que la France a durant cette période massivement recours au recrutement étranger, il est plus un appoint qui peut s'avérer précieux pour la conquête coloniale (Algérie) ou dans certaines crises internationales (Crimée). Formée d'étrangers, la Légion peut aussi être « donnée » à des alliés pour les aider (ce fut le cas en Espagne et cela a été envisagé au Mexique), ce qui ne saurait être le cas d'unités nationales.

### 2.2 La « légion franco-allemande » de la période coloniale

À partir des années 1880, la France se lance dans une vaste expansion coloniale en Afrique et en Asie. La Légion, qui avait déjà été associée à la conquête de l'Algérie, est intensément utilisée dans ce cadre, que ce soit pour participer aux conquêtes

---

23  À l'époque, il s'agit d'un nom générique employé pour les personnes provenant du Moyen-Orient.
24  Elle sera rendue encore plus dure en 1927 (Koller, 2013).

(Tonkin, Dahomey, Madagascar, Maroc, ...), pour les stabiliser (Maroc, Algérie) ou pour défendre l'Empire colonial durant les années 1946-1962 (Montagnon, 1999 ; Porch, 2010). Sans qu'il faille oublier les aspects sombres qui lui sont liés, cette période constitue une sorte d'âge d'or pour la Légion étrangère, qui y conquiert de nombreux titres de gloire tout en confirmant la vocation de « guerriers et bâtisseurs » des légionnaires. Sur le plan de la composition des effectifs, de nombreux changements s'opèrent au cours de ces quatre-vingts ans (figure 2).

Durant la fin du XIXe siècles et jusqu'à la Première Guerre mondiale, la Légion retrouve ainsi progressivement plus clairement le caractère franco-allemand qui avait été le sien dans les années 1860. Pour les premiers, le recrutement à la Légion devient de plus en plus ouvert. S'il fallait une autorisation spéciale du ministre de la défense pour s'engager en tant que Français de 1831 à 1881, ceux qui avaient rempli leurs obligations de service militaire le purent sans condition après cette date, et ils furent même autorisés à y servir « à titre étranger » après 1892 (Porch, 2010 : 183). Quant aux Allemands, leur flux était important, notamment car la discipline de fer « à la prussienne » entraînait de nombreuses désertions (Villebois Mareuil, 1896). Toutefois, leur nombre commença à réduire après 1900, du fait de l'expansion de l'empire colonial allemand mais aussi du fait d'une humanisation des méthodes militaires en Allemagne (Porch, 2010 : 292). En 1910, Français et Allemands composent deux tiers d'effectifs qui ont fortement crû en raison de l'expansion en cours. La Légion compte désormais plus de 10 000 hommes. Les autres nationalités présentes en nombre sont dans la lignée de la « légion frontalière » de la période précédente.

Les choses changent après la Première Guerre mondiale. Si la répartition de 1920 illustre l'impact de la Grande guerre avec une quasi-disparition des Allemands, leur recrutement reprendra avec vigueur peu après (Naviaski, 2010), le traité de Versailles comprenant une clause spécifique exemptant la Légion de l'interdiction de recruter des Allemands comme soldats (Koller, 2013). Motivé par les difficultés politiques et économiques de la République de Weimar, l'engagement des légionnaires allemands est un sujet constant de friction avec l'Allemagne. Après 1933, le pouvoir nazi prendra des mesures fortes pour le dissuader, comme la déchéance de nationalité, adoptée en 1938. Pour autant de nombreux Allemands fuyant le nazisme continueront aussi de trouver à la Légion un refuge (Neviaski, 2010).

Les Français constituent, eux, un quart du recrutement. Mais les bouleversements impulsés par les traités de Versailles et de Saint-Germain en Laye, et la révolution bolchevique, poussent de nouvelles nationalités à la porte de la Légion. À l'opposé, les nationalités autrefois très présentes (Belges, Suisses, etc.) se font beaucoup plus discrètes. La croissance des effectifs dans les années 1930, entraînée par la nécessité de disposer de troupes professionnelles pour maintenir l'empire colonial, confirme ce scénario, avec toutefois une diminution de l'apport russe au fur et à mesure de la fermeture de l'URSS.

Si la Légion étrangère de l'entre-deux-guerres a été très influencée par le premier conflit mondial, il en sera de même avec celle engagée en Indochine et en Algérie à l'issue de la Deuxième guerre mondiale. Vaincus et héritant d'un pays dévasté, les Allemands composent 58 % d'un effectif atteignant désormais plus de 32 000 hommes, comme dans les années 1930. Il faut dire cette disponibilité arrangeait bien la République, en grand besoin de troupes pour sa guerre en Extrême-Orient. Le recrutement pour ce nouveau conflit commença dès 1945 dans les camps de prisonniers allemands en France, où 5 000 hommes se portèrent volontaires, soit 0,5 % des prisonniers[25] (Biess, 2012). Quelques Européens de l'Est, fuyant la progressive rigidification du rideau de fer, les complètent au fur et à mesure des années 1950. Le scénario est à peu près équivalent dans les années 1960 et durant l'engagement en Algérie, même si les effectifs sont désormais réduits (20 000 hommes) et si la proportion des Allemands diminue largement (moins d'un tiers). Le flux important d'Allemands, souvent très jeunes[26], vers la Légion étrangère durant les années 1950 constituera un facteur de friction régulier avec les autorités de RFA, qui reprendront des campagnes qui avaient été initiées au début du XXᵉ siècle et dénonçaient les mauvais traitements ou l'exploitation des jeunes Allemands par l'armée française (Porch, 2010 ; Biess, 2012). Un service destiné à favoriser le retour des déserteurs d'origine allemande sera même mis en place durant la guerre d'Algérie (Cahn, 1997).

Bien qu'une petite ouverture ait été constatée vers l'Est (afflux des Russes blancs dans les années 1920 puis d'Européens de l'Est après la Seconde Guerre mondiale), la période des conflits coloniaux n'a pas entraîné une grande diversification dans la composition des effectifs de la Légion. Au contraire, c'est encore pleinement l'époque de la « légion franco-allemande » (Hallo, 1994). Mais le rôle de refuge joué par la Légion étrangère se confirme aussi, puisque des afflux marqués mais temporaires ont pu correspondre à des crises géopolitiques : Russes fuyant la révolution bolchevique, Espagnols après la fin de la guerre civile[27], Européens de l'Est fuyant le rideau de fer. Le nombre de ces « réfugiés à la Légion » a cependant dépendu non seulement des conditions politiques qui les motivaient à partir mais aussi de la politique de sélection de la Légion elle-même. Consciente de la possibilité d'infiltrations hostiles, celle-ci a mis en place durant les années 1930 une sorte de service propre de renseignement, formalisé en 1937 (Porch, 2010 : 438), dont l'un des rôles était de trier les candidats. On a

---

25  Ce recrutement a pu laisser penser que des criminels de guerre se cachaient parmi les nouveaux légionnaires. S'il n'est évidemment pas impossible que cela ait été le cas, il faut noter que la politique officielle était de ne pas accepter les anciens SS, et que les recruteurs examinaient les cicatrices ou marques d'anciens tatouages pour les identifier et les refuser (Porch, 2010 : 531).

26  Selon Cahn (1997), une immense majorité des engagés allemands de cette époque avaient entre 18 et 21 ans. Ils étaient donc considérés comme mineurs par les autorités de Bonn, et donc ne pouvaient pas être, selon elles, acceptés.

27  Ils n'apparaissent pas dans nos graphiques du fait du pas de temps choisi et parce que nous n'avons pas représenté les effectifs légionnaires lors des conflits mondiaux. Les Espagnols auraient été près de 6 000 et ils représentaient autour d'un quart des effectifs de la Légion vers 1941 (Hallo, 1994).

déjà évoqué le rejet dans anciens SS, et il semble que la peur d'une subversion communiste ait aussi limité l'acceptation des Européens de l'Est au début de la Guerre froide (Koller, 2013).

Si on note une absence de légionnaires provenant des colonies, celle-ci n'est pas étonnante dans la mesure où l'armée coloniale bâtie par la France comprenait des unités spécialisées pour accueillir ces populations (Tirailleurs, Spahis, etc.). Il existait même une doctrine militaire à ce sujet, basée sur des présupposés au sujet des forces et des faiblesses de chaque origine géographique, selon laquelle l'efficacité maximale était atteinte en mixant des « troupes blanches » (dont la Légion faisait partie), en principe solides sous le feu mais plus vulnérables aux maladies et au climat, et des « troupes indigènes », vues comme plus rustiques physiquement mais moins disciplinées (Porch, 2010). Malgré cela, la politique dite de « jaunissement » établie en Indochine, finit par atteindre la Légion, qui y a longtemps résisté, à partir de 1950. Les unités de Légion, y compris parachutistes, ont donc compté des compagnies formées d'Indochinois, pour un total de plus de 6 600 hommes[28] (Bodin, 2010). Toutefois, comme cela avait été le cas pour la campagne du Mexique, la Légion n'a pas intégré un nombre significatif de ces derniers après la chute de l'empire colonial d'Asie.

### 2.3 1962-2022 : la progressive globalisation de la Légion étrangère

La période qui s'ouvre après le retrait d'Algérie constitue un moment de réinvention pour la Légion, qui se trouve privée non seulement du territoire qu'elle avait pour mission principale de défendre, mais aussi de sa « maison mère », exaltée par ses traditions, la base de Sidi Bel Abbès. Explicitement constituée pour intervenir hors de France (bien qu'elle ait participé sur le sol national aux trois grandes guerres de 1870, 1914-1918 et 1939-1945), la Légion étrangère se trouve désormais principalement intégrée en métropole[29] et réduite à un format qu'elle n'avait plus connu depuis les années 1890 (autour de 8 000 hommes). Par ailleurs, depuis les années 1960, la France se trouve en dehors de conflits majeurs, bien qu'elle ait engagé ses soldats sur de nombreux théâtres en Afrique, au Moyen-Orient, dans les Balkans ou en Afghanistan. La Légion étrangère a fait partie de l'ensemble de ces opérations mais, comme le reste de l'armée française, elle a dû se réorganiser autour de projections de faible volume, dans des temps plus ou moins limités et face à des forces irrégulières, à l'opposé des engagements massifs et frontaux de la période 1946-1962.

Lors des trois premières décennies de cette troisième période, on constate une relative stabilité dans la composition, avec toujours la dominante franco-allemande qui prévaut (2/3 des effectifs en 1980 et 56 % en 1990). Un épisode des années

---

28  Ce qui était leur effectif en juin 1950, dans la réalité il y eut bien plus de légionnaires indochinois car la rotation des effectifs était très rapide (Boidin, 2010).

29  Elle conserve cependant des emprises outremer : Madagascar puis Guyane pour le 3e REI, Pacifique pour le 5e REI (dissous en 2000), Djibouti puis Émirats arabes unis pour la 13e DBLE, avant sa recréation sur le Larzac en 2015, Mayotte pour le GLEM.

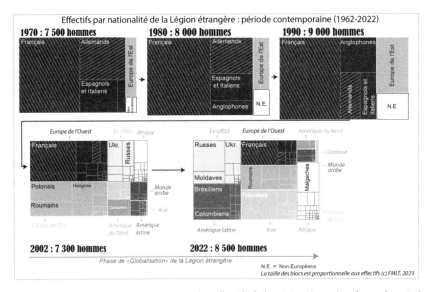

**Fig. 3**     Composition par provenance des effectifs de la Légion étrangère durant la troisième
période (1962-2022).

*French Foreign Legion troops by country of origin : the contemporary era (1962-
2022).*

1980-1990, l'afflux de Britanniques et plus généralement d'anglophones, est toutefois révélateur des mécanismes qui influent sur la géographie du recrutement. En fonction de leur sensibilité, les observateurs le relient en effet à trois causes de nature différente. Pour les premiers, il serait lié à la guerre des Malouines et à la déception de certains vétérans à la fois du manque de reconnaissance chez eux et de ce qu'ils ont considéré comme une capitulation. Ils ont donc été chercher l'aventure et le combat dans les rangs de la Légion. Pour les seconds, ce serait dû à l'exposition médiatique de Simon Murray, ancien légionnaire qui a rédigé un livre sur ses années de légionnaire parachutiste durant la guerre d'Algérie, et qui a été l'objet d'un documentaire de la BBC en 1983, déclenchant, semble-t-il, de nombreuses vocations (Porch, 2010). D'autres enfin, peut-être plus réalistes, pointent la situation économique du Royaume-Uni des années Thatcher et la forte montée du chômage dans la classe ouvrière comme un grand inducteur (Koller, 2013). Si les trois causes ne sont pas exclusives, elles permettent de voir combien les ressorts qui déclenchent les flux de recrutement sont subtils.

Durant les années 1990, la composition en change néanmoins nettement, même si les « non-Européens » apparaissent dès les années 1970 (2 %) et commencent à représenter une proportion plus grande au fur et à mesure (8 % en 1990). Le premier épisode de ce que l'on pourrait qualifier de grande ouverture de la Légion étrangère commence avec la chute du mur de Berlin et l'effondrement du rideau de fer. De nombreux ressortissants d'Europe de l'est, souvent des anciens militaires, cherchent alors à profiter de l'opportunité représentée par la

Légion. Elle propose en effet un salaire plus élevé que dans leur pays et une possibilité d'accéder à des titres de séjour, voire à la nationalité, permettant d'envisager un avenir dans la zone de stabilité et de prospérité représentée par l'Union européenne. Cette vague inclut aussi des ressortissants d'ex-URSS. Bien qu'il ne soit pas possible d'avoir tous les détails car les bases de données de la Légion ne mentionnent pas toujours la région de provenance au sein des pays[30], les données fragmentaires dont on dispose permettent de considérer qu'il s'agit principalement de Russes, d'Ukrainiens et de citoyens des pays baltes.

Les deux décennies suivantes[31] confirment ce mouvement de globalisation de la Légion (O'Mahony, 2010), qui se met à attirer très au-delà de ses viviers habituels et donc à abandonner définitivement son aspect de « troupe blanche » qui a perduré plusieurs décennies après la fin de la guerre d'Algérie. L'aspect le plus spectaculaire est l'apparition d'un flux asiatique fort, symbolisé par le fait que les Népalais sont la nationalité la plus représentée en 2022. L'entrée en force des Brésiliens, des Colombiens et des Malgaches caractérise aussi cette nouvelle légion globale, dans laquelle le recrutement en Europe de l'Ouest est devenu très minoritaire. Le recrutement allemand, si important pendant plus d'un siècle, est aujourd'hui anecdotique, ce qui constitue un changement majeur si l'on se souvient que près d'un tiers des 500 000 légionnaires ayant servi de 1831 à 1962 étaient Allemands (Koller, 2013).

Contrairement aux clichés qui associent la Légion à l'Europe de l'est ou à la Russie, aujourd'hui, presque la moitié des effectifs (48,2 %) proviennent du « sud global ». Mais les équilibres entre les différentes composantes se modifient constamment. Le monde arabe et le Moyen-Orient ont ainsi vu un recul de leur participation entre 2002 et 2022 – contrairement à ce que l'on aurait pu attendre au vu des vagues de réfugiés qui ont atteint l'Europe. Au sein également des pays de l'ancienne URSS, la Moldavie est devenue un pourvoyeur important alors que la Russie a vu sa participation diminuer[32].

## 3   La Légion de 2022 : un reflet du monde, mais de quel monde ?

### 3.1  Une large diversification, mais des nationalités prédominantes

La Légion des années 2020 est bien plus diverse que celle qui a existé jusqu'aux années 1990 et sa communication officielle se plaît à rappeler qu'elle compte près de 150 nationalités d'origine dans ses rangs. Toutefois, à y regarder de plus près, on ne peut pas dire que les effectifs actuels représentent de manière

---

30  Ainsi, pour les personnes nées en ex-URSS (846 personnels), il est difficile de savoir si elles viennent de Russie, d'Ukraine ou de Géorgie, du Kazakhstan, etc. Il en va de même pour les natifs de l'ex-Yougoslavie (139 personnels), aujourd'hui éclatée en plusieurs pays. Le cas des deux Allemagnes était plus simple à résoudre et les effectifs dans ce cas ont simplement été additionnés. Dans le cas de la Tchécoslovaquie, faute de mieux, j'ai ajouté 50 % de son effectif à la République tchèque et 50 % à la Slovaquie.

31  Pour le moment il n'a pas été possible de disposer de données désagrégées pour 2010.

32  Ceci bien avant le début de la guerre en Ukraine.

proportionnelle la démographie mondiale. Certaines nations sont surreprésentées, et d'autres n'apparaissent presque pas.

Ainsi, cinq provenances (Népal, ex-URSS, France, Brésil, Madagascar) représentent à elles seules 45 % des effectifs, ce que montre bien l'anamorphose présentée à la figure 4. C'est plus que dans les années 1960, où deux pays, la France et l'Allemagne, dominaient largement, mais cela reste encore assez concentré. Cela étant, ces pays sont désormais répartis sur quatre continents : Europe, Afrique, Asie, Amérique latine. Pour leur part, les dix nations les plus représentées rassemblent presque deux tiers des effectifs, alors que le tiers restant rassemble presque 140 nationalités d'origine. 87 d'entre elles sont représentées par moins de 10 personnes et 24 par un seul individu. La « queue de spectre » est donc particulièrement dispersée, et elle signale bien plus des trajectoires individuelles que des relations persistantes entre la Légion et certaines zones géographiques. Tout au plus peut-on signaler que ces adhésions, venues souvent de très loin (Fidji, Kazakhstan, Corée...), montrent la capacité beaucoup plus grande des individus à se déplacer dans le cadre actuel de la mondialisation – même si on a déjà noté que D. Porch citait des témoignages indiquant que ce type de trajectoires existait déjà dès les origines de la Légion.

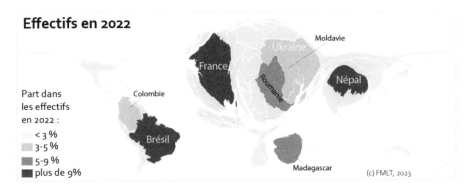

**Fig. 4**    Carte en anamorphose des effectifs de la Légion étrangère en 2022 selon la nation de provenance (une anamorphose est une carte dans laquelle les objets géographiques sont déformés en fonction de leur poids dans une dimension donnée, ici le nombre de personnels pour chaque pays d'origine).

*Anamorphic map of the French Foreign Legion troops in 2022 in function of the country of origin (anamorphic maps are maps where the geographical objects are scaled in function of their weigh across a given dimension, here the number of legionnaires born in the country).*

## 3.2  Des déterminants pour la géographie de la Légion étrangère ?

Pour la plupart des pays du monde, le faible nombre de légionnaires qui en proviennent ne permet pas de conclure à autre chose qu'à des trajectoires individuelles. Pour autant, une approche par grandes zones géographiques et l'observation des pays qui contribuent avec un nombre significatif de personnels (figure 5) permet de contourner cet obstacle. Sur la base du découpage en blocs présent dans les différentes cartes et diagrammes présentés jusqu'ici, nous allons essayer de proposer des éléments d'interprétation sur les éléments qui déterminent la présence plus ou moins grande de chacun.

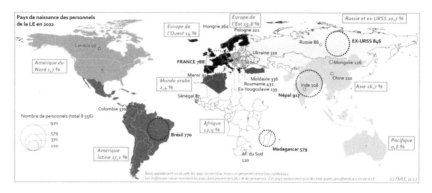

**Fig. 5**  Nombre de légionnaires provenant de chaque pays au 1/06/2022 (ne sont représentés sur la carte que les pays dont provient au moins un personnel, les chiffres indiqués concernent les nations avec plus de 150 personnels représentés).

*Number of légionaires by country of birth (2022). The map only represents countries where at least one legionnaire serving in 2022 was born. Numbers displayed on the map describe the countries where 80 personels or more were born. Those countries represent more than 80 % of the total of troops.*

Les blocs d'Europe de l'Ouest et d'Amérique du Nord (restreinte aux États-Unis et au Canada) sont ceux qui ont le plus diminué durant les dernières décennies. La raison provient sans doute à la fois du fait que les carrières militaires sont de moins en moins valorisées dans la sphère occidentale et de la faiblesse des rémunérations, comparées à des occupations qui imposent beaucoup moins de contraintes individuelles. Le flux qui demeure est donc composé de ceux qui sont principalement motivés par l'aventure, les missions à l'extérieur et la renommée de la Légion étrangère. Leur taux de défection est souvent important pour cette raison aussi, car, en fonction des époques, ils ne trouvent pas nécessairement autant d'action qu'ils l'avaient imaginé. Ces deux blocs représentent environ 16 % des effectifs.

Le flux en provenance d'Afrique, lui, n'est plus négligeable désormais. Il est cependant très concentré sur Madagascar, peut-être à la fois du fait de l'empreinte historique de la Légion dans l'île, sur laquelle elle a été basée mais aussi du fait de la difficulté de ceux qui voudraient faire une carrière militaire à intégrer une armée locale peu développée. Le second pays d'Afrique est l'Afrique du Sud. La Légion constitue en effet un lieu d'accueil pour un certain nombre de citoyens de ce pays qui ne trouvent plus de débouchés dans l'armée locale depuis la fin de l'Apartheid. D'autres pays qui faisaient partie des anciennes colonies françaises sont aussi représentés, mais à une échelle bien moindre, comme le Sénégal. Le Maghreb, et le monde arabe en général, voient leur participation reculer depuis une vingtaine d'années. Maroc et Algérie comptent ainsi 172 personnels à eux deux, un chiffre en recul par rapport à la période des années 1990. Afrique et monde arabe représentent environ 15 % des effectifs.

L'absence d'un flux plus massif en provenance des zones de crise du Moyen-Orient ou d'Afrique interroge, dans la mesure où des flux migratoires importants sont partis de ces zones en direction de l'Europe durant la dernière décennie. Parmi les facteurs qui peuvent expliquer leur absence, on peut citer l'exigence de documents d'identité valides lors du recrutement alors que les réfugiés ont souvent perdu les leurs dans leur parcours, une éventuelle perception culturelle que la Légion n'est pas pour eux, ou bien tout simplement la méconnaissance de son existence. Une certaine méfiance envers des recrues provenant des zones contrôlées par l'État islamique, par crainte d'infiltration de ce mouvement, est également possible.

L'afflux en provenance d'Asie est fortement dominé par une nation, le Népal, qui est aujourd'hui le pays de provenance le plus représenté de la Légion. Ce flux népalais, faible jusqu'en 2010, s'est intensifié du fait de la réduction par le Royaume-Uni des effectifs de ses unités de Gurkhas, qui ont restreint ce débouché militaire traditionnel[33]. Le tremblement de terre de 2015, qui a sérieusement ébranlé l'économie locale et poussé de nombreux Népalais à s'expatrier, a constitué une seconde impulsion. Loin derrière le Népal, on peut également mentionner la Mongolie, dont le volume dans l'effectif légionnaire est limité (environ 120 personnes), mais qui est le pays du monde le plus représenté si l'on calcule un ratio du nombre de légionnaires par million d'habitants. La Chine et l'Inde sont aussi légèrement présentes, avec autour de 110 personnels dans les deux cas. Très faiblement représentée jusqu'en 2002, l'Asie est aujourd'hui une provenance majeure pour la Légion, avec presque 17 % des effectifs qui en proviennent.

En parallèle de la montée du continent asiatique, l'apparition de l'Amérique latine est aussi particulièrement notable ces dernières années. Là encore, la concentration est de mise puisque Brésiliens et Colombiens composent la plus grande partie des personnels. Les motivations économiques sont au premier plan, le salaire des soldats français représentant un pouvoir d'achat très important une fois converti en monnaie locale. Pour certains, la Légion représente aussi la possibilité de continuer une carrière militaire, alors que leurs pays d'origine limitent à quelques années celle des militaires du rang. Beaucoup de Brésiliens sont ainsi d'anciens militaires. Aujourd'hui l'Amérique latine représente plus de 17 % des effectifs.

---

33  En 2011 l'armée anglaise a réduit les effectifs de près de 20 %, supprimant 700 postes. Il faut toutefois noter que le recrutement Gurka ne concernait pas l'ensemble du Népal mais uniquement certaines vallées. De nombreux Népalais engagés à la Légion n'auraient de toute manière pu prétendre à servir Outre-Manche pour cette raison.

La zone d'Europe de l'Est et des pays de l'ex-URSS a fait une entrée très remarquée dans les effectifs de la Légion étrangère à partir des années 1990 et de la chute du mur de Berlin. Elle représente encore un tiers des effectifs actuels, mais la tendance a considérablement changé. Il s'agit en effet le plus souvent de personnels ayant plus d'années d'ancienneté, si bien que l'importance de cette zone de provenance est en quelque sorte un héritage en train de s'effacer. Concernant l'Europe de l'est, l'accession à l'Union européenne a totalement changé la donne. Disposant désormais de la possibilité de circuler et de travailler librement en UE, les citoyens de Pologne, Roumanie ou Hongrie ne se pressent plus pour entrer à la Légion et le profil de ces pays est en train de rejoindre rapidement celui des pays d'Europe de l'ouest. Concernant la zone de l'ex-URSS, malgré les difficultés pour identifier les provenances précises des plus âgés[34], on aperçoit un mouvement de glissement vers le sud des provenances. Les pays baltes, qui ont eux aussi rejoint l'UE, ne contribuent presque plus, alors que les flux provenant d'Ukraine et surtout de Moldavie (et dans une moindre mesure de Géorgie) ont considérablement augmenté. D'une certaine manière, ce qui était intervenu dans les années 1990 pour l'Europe de l'est se reproduit ici : dans le contexte économique local, la Légion propose un salaire qui est motivant et elle rend possible une installation à long terme en UE, deux facteurs fortement attractifs. La guerre en cours en Ukraine modifiera sans doute cette situation, bien qu'on n'ait pas pour le moment observé de désertion massive des légionnaires ukrainiens ou russes – des cas individuels s'étant évidemment produits et ayant été notés par les médias.

### 3.3 Entre héritages du passé et évolutions en germe

Organisation permettant des carrières longues (à la différence d'autres armées), la Légion étrangère a une composition qui reflète non seulement le recrutement récent mais aussi les héritages de périodes plus anciennes. Représenter les effectifs en fonction du temps de service et de l'âge moyen des personnels (figure 6, haut) permet de mettre en lumière cette caractéristique. Logiquement, il existe une certaine corrélation entre âge et temps de service qui fait que les pays s'alignent plus ou moins sur un axe linéaire penché à 45°.

Le haut du graphique regroupe les personnels qui proviennent des vagues de recrutement plus anciennes. On note ainsi la place des pays d'Europe de l'est et de l'ex-URSS, qui confirme ce qui a été avancé dans la section précédente : ils se distinguent à la fois par un âge moyen et un temps de service importants, ce qui indique des fins de carrière. Leur importance en proportion sera probablement amenée à diminuer drastiquement dans les années qui viennent lorsque les générations les plus nombreuses partiront à la retraite. On trouve également dans cette catégorie l'Algérie et le Maroc, et la France, dont les personnels ont

---

34  Voir note 19.

tendance à réaliser des carrières plus longues (plus de quinze ans de service en moyenne), comme les Roumains, Tchèques et Polonais.

Népal, Brésil ou Madagascar, qui ont été des nations dont l'importance à la Légion a considérablement crû durant la dernière décennie, se trouvent logiquement en milieu de graphique. Une partie des personnels en provenant est en effet déjà bien engagée dans la carrière, avec des temps de service plus importants, alors que le flux commence à diminuer. Ils constituent la vague qui remplacera probablement celle d'Europe de l'est/URSS en haut de graphique dans cinq à dix ans. On peut noter le décalage temporel de ce point de vue entre Brésil et Madagascar, d'environ cinq ans, mais aussi le décalage d'âge moyen entre Brésil et Népal, probablement dû au fait que les Brésiliens ont souvent une carrière militaire préalable, si bien qu'ils s'engagent à un âge plus avancé que les Népalais.

Le bas du graphique montre les dernières vagues dans le recrutement : Moldavie, Ukraine ou Colombie. Leurs effectifs sont moins importants pour le moment, mais si les proportions se maintiennent et si des pays comme la Géorgie deviennent des contributeurs importants, il se pourrait qu'un rééquilibrage se produise dans une décennie, le « sud » perdant alors de l'importance au profit d'un nouvel ancrage vers l'est[35]. On note toutefois la modestie du flux en provenance de Russie dans ce nouveau contexte. Ceci peut être dû à la fois à la revitalisation de l'armée dans ce pays, à la montée des sociétés de mercenaires (notamment le fameux groupe Wagner), mais aussi au renouveau de l'opposition idéologique entre la Russie et l'Occident.

Finalement, le bas de la figure 6 permet d'avoir une idée de l'importance des changements en cours puisqu'il montre la répartition entre les personnels ayant moins de cinq ans d'ancienneté et ceux qui sont présents depuis cinq ans et plus. Le fait marquant est le remplacement de l'Europe de l'Est et de l'Ouest par l'Asie et l'Amérique latine comme blocs dominants, préfigurant une Légion étrangère dans laquelle le Sud global pourra devenir majoritaire. L'Afrique reste à une proportion assez constante, de même que le bloc de l'ex-URSS. Pour ce dernier, comme on l'a souligné, cette stabilité apparente cache une modification de la composition interne, les Russes et les Baltes devenant très minoritaires face aux Ukrainiens, Moldaves ou Géorgiens. Le Maghreb/Moyen Orient et le Pacifique ont des trajectoires opposées, les premiers voyant leur part diminuer alors que le second est en croissance.

Il est toutefois important d'ajouter qu'on ne peut pas totalement préfigurer la composition future de la Légion étrangère en regardant celle des personnels de moins de cinq ans de service, du fait des phénomènes de défection, qui touchent inégalement les différentes provenances. Certaines nationalités sont ainsi connues pour ne déserter que très rarement (comme le Népal), alors que

---

35 Il faut toutefois noter ici que l'éclatement de l'URSS produit une sorte d'artefact statistique car si les légionnaires provenant de l'ex-URSS étaient comptés en fonction de leur pays de provenance, les âges et temps de service moyens pour l'Ukraine ou la Fédération de Russie remonteraient considérablement.

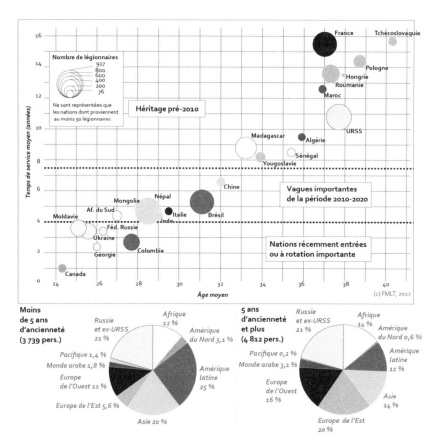

**Fig. 6**    Principales nations contributrices par effectifs, ancienneté moyenne et âge moyen et proportion des effectifs actuels par bloc à moins et plus de cinq ans d'ancienneté.

*Principal nations of origin by number of légionnaires, average time of service and median age, and proportion of geographical blocks for personels with less than 5 years of service and more than 5 years of service.*

d'autres voient leurs représentants partir au bout de quelques mois ou d'un ou deux ans. C'est particulièrement le cas des Nord-Américains, qui, souvent, ne trouvent pas à la Légion autant d'aventure qu'ils l'imaginaient. Environ 40 % des légionnaires abandonneront leur engagement pour des raisons diverses (désertion, rupture de contrat sur initiative de l'intéressé ou de l'administration, inaptitude physique...) ou ne renouvelleront pas leur contrat au bout de cinq ans de service. Par ailleurs, la propension à signer pour des années supplémentaires varie aussi considérablement en fonction des individus et des nationalités. Dès lors, on comprend à quel point il est difficile de projeter exactement la géographie des effectifs qui apparaîtra dans les années 2030.

# Conclusion

L'analyse de la provenance des légionnaires depuis la création de la Légion étrangère au XIX^e siècle montre l'importance des évolutions intervenues, dont la plus spectaculaire est la globalisation des effectifs, en cours depuis le début des années 2000. Elle montre aussi que l'afflux des volontaires étrangers reflète en partie les crises et les soubresauts politiques et économiques – d'abord de l'Europe, puis du monde, mais de manière incomplète. Ainsi, les révolutions du XIX^e siècle, les guerres civiles ou les conflits mondiaux expliquent-ils certaines vagues observables dans le recrutement, mais ce n'est pas le cas de toutes. D'autres facteurs jouent, comme la possibilité d'accès au territoire français (la mondialisation et la facilitation des voyages internationaux expliquent ainsi en partie les nouveaux flux venus d'Asie ou d'Amérique latine), la connaissance préalable de l'existence de la Légion ou encore la perception qu'il s'agit d'une option viable quand on est de telle ou telle nationalité jouent manifestement un rôle.

Dans ce contexte, le légionnaire reste souvent un « volontaire involontaire »[36]. Si les circonstances l'avaient voulu – s'il y avait eu une armée plus ouverte ou plus combattante chez lui, si sa famille était plus riche, s'il avait étudié plus longtemps ou, pour quelques-uns, s'il n'avait pas fait un mauvais pas, il n'aurait pas immigré en France pour servir la Légion. Mais en même temps, au lieu de chercher un emploi de plongeur dans un restaurant, de travailleur dans la construction ou de journalier agricole, il a choisi les vicissitudes et les dangers d'une vie militaire dans une institution bien particulière. On peut donc considérer que les facteurs externes que nous avons débroussaillés dans ce travail, liés à la géopolitique ou à l'économie, ne sont que la toile de fond sur laquelle s'inscrivent les trajectoires des légionnaires, chacune étant particulière et faisant appel à un ensemble de motivations et de déterminants qu'il nous faut désormais cerner par une approche au plus près des individus.

UMR PRODIG
Campus Condorcet — Bâtiment Recherche Sud
5, cours des Humanités
93300 AUBERVILLIERS
francois-michel.le-tourneau@cnrs.fr

# Bibliographie

Biess, F. (2012), « Moral Panic in Postwar Germany : The Abduction of Young Germans into the Foreign Legion and French Colonialism in the 1950s », *The Journal of Modern History*, 84(4), p. 789-832. https://doi.org/10.1086/667681.

---

36 Expression attribuée au Maréchal Juin et reprise dans le document officiel « Recueil des traditions et des spécificités de la Légion étrangère » (2005).

Bodin, M. (2010), « Le jaunissement de la Légion en Indochine, 1950-1954 », *Guerres mondiales et conflits contemporains*, 237(1), 63, https://doi.org/10.3917/gmcc.237.0063.

Bruyère-Ostells, W. (2017), « Les étrangers dans les armées françaises de 1789 à 1945 », *Inflexions*, 34(1), p. 13-21, https://doi.org/10.3917/infle.034.0013

Cahn, J.-P. (1997), « La République Fédérale d'Allemagne et la question de la présence d'Allemands dans la légion étrangère française dans le contexte de la guerre d'Algérie (1954-1962) », *Guerres mondiales et conflits contemporains*, 186, p. 95-120.

Comor, A.P. (dir.). (2013), *La Légion étrangère, histoire et dictionnaire*, Paris, Robert Laffont, 1152 p.

Comor, A.-P. (2015), « L'impôt du sang des volontaires étrangers de la légion étrangère dans la grande guerre », *Guerres mondiales et conflits contemporains*, 259, p. 9-20.

Esclangon-Morin, V. (2014), « La Légion étrangère, une particularité française », *Hommes & migrations*, 1306, p. 133-137. https://doi.org/10.4000/hommesmigrations.2844

Hallo, J. (1994), *Monsieur légionnaire*, Panazolle, Lavauzelle, 348 p.

Houssin, J.-M. (2019), *Le recrutement à la Légion étrangère*, La Guérinière, D'un Autre ailleurs, 196 p.

Koller, C. (2013), « Recruitment Policies and Recruitment Experiences in the French Foreign Legion » In Arielli, N. et Collins, B. (Éds.), *Transnational Soldiers : Foreign Military Enlistment in the Modern Era*, Londres, Palgrave Macmillan, p. 87-104, https://doi.org/10.1057/9781137296634_6

Lynn, J. A., Sanconie, M. (2000), « L'évolution De L'armée Du Roi, 1659-1672 », *Histoire, Économie et Société*, 19(4), p. 481-495.

Montagnon, P. (1999), *Histoire de la Légion étrangère*, Paris, Pygmalion, 616 p.

Neviaski, A. (2010), « 1919-1939 : Le recrutement des légionnaires allemands », *Guerres mondiales et conflits contemporains*, n° 237(1), p. 39-61.

O'Mahony, T. (2010), « La Légion aujourd'hui », *Guerres mondiales et conflits contemporains*, 237(1), 103, https://doi.org/10.3917/gmcc.237.0103.

Peschot, B., Gainot, B., Roucaud, M. et Comor A.P. (2013), « Étrangers au service de la France », *in* Comor, A.P. (dir.) (2013), *La Légion étrangère, histoire et dictionnaire*, Paris, Robert Laffont, p. 31-53.

Porch, D. (2010), *The French Foreign Legion : A Complete History of the Legendary Fighting Force*, New York, Skyhorse, 728 p.

Portelance, P. (2018), « *Au service d'un autre roi* » : *Les troupes étrangères allemandes au service du royaume de France (1740-1763)*, Mémoire de maîtrise, Université de Montréal

Rygiel, P. (2019), « Extradition et droits des étrangers dans l'Europe de la fin du XIXe siècle », *Revue d'histoire moderne & contemporaine*, 66-4(4), p. 121-140, https://doi.org/10.3917/rhmc.664.0121.

Tozzi, C. (2014), « Les troupes étrangères, l'idéologie révolutionnaire et l'État sous l'Assemblée constituante », *Histoire, économie & société*, 33e année (3), p. 52-66. https://doi.org/10.3917/hes.143.0052

Villebois Mareuil, G. (1896), « La légion étrangère », *Revue des Deux Mondes* (1829-1971), 134(4), p. 869-894.

# Une évaluation des proximités agroalimentaires : le cas des circuits courts et de proximité de la ville de Nice

## *An evaluation of agri-food proximities: the case of short and local circuits in the city of Nice*

**Juliette Benedetti**

Doctorante, Université Côte d'Azur / UMR 7300 ESPACE

**Karine Emsellem**

Maître de conférences, Université Côte d'Azur / UMR 7300 ESPACE

**Stéphane Bouissou**

Professeur, Université Côte d'Azur / UMR 7300 ESPACE

**Résumé**      Dans un contexte de développement d'un intérêt politique, scientifique et citoyen pour les systèmes alimentaires localisés, ce travail s'intéresse aux formes diverses des circuits courts et de proximité (CCP) à partir du cas de la ville de Nice. La combinaison de méthodologies quantitatives (constitution d'une base de données à partir d'une enquête de terrain, analyse statistique et méthode de classification) permet de caractériser les différentes formes de CCP niçois. Réalisée à partir de variables a-spatiales — proximités fonctionnelle (nombre d'intermédiaires au long du circuit) et relationnelle (niveau d'information sur la qualité et l'origine du produit) —, la classification identifie trois types de CCP, analysés à la lumière de leur emprise spatiale (distance entre lieux de production et de vente), des typologies de produits échangés et des types de points de vente les commercialisant. En résulte une requalification des termes « court » et « de proximité » qui caractérisent les circuits. Le travail conclut qu'il s'agit de circuits présentant un nombre d'intermédiaires inférieur ou égal à 1 entre producteur et consommateur, avec une qualité d'information satisfaisante dispensée au consommateur sur le produit, et dont l'ensemble des étapes sont réalisées dans un périmètre géographique réduit, d'ordre régional dans le cas niçois.

**Abstract**      *In a context of political, scientific and citizen interest in localized food systems, this work focuses on the various forms adopted by short and proximity circuits (CCP) around the city of Nice case study. The combination of quantitative methodologies (database built from a field survey, statistical analyses and clustering method) leads to the characterization of the different forms of CCP. Based on aspatial variables — functional (number of intermediaries along the circuit) and relational proximities (level of customer information on the product's quality and origin), the clustering method identifies three types of CCPs, analyzed based on their spatial influence (geographical distance between places of production and sale), typologies of products exchanged, and the types of outlets marketing them. The result is a requalification of the terms "short" and "proximity." This work concludes that "CCP" qualifies the food circuits displaying a number of intermediaries less than or equal to 1 between producer and consumer ; associated with a good quality of information provided to the consumer on the product ; and including all the steps* *(agricultural production, food processing and sale) in a reduced geographical perimeter, regional in the case of Nice.*

**Mots-clefs**  circuits courts et de proximité, relocalisation, système alimentaire, alimentation locale, Nice.

**Keywords**  *short food supply chains, relocation, food system, local food, Nice.*

# 1  Introduction

## 1.1  *Enjeux de la relocalisation alimentaire en France : les circuits courts et de proximité*

Les stratégies d'approvisionnement alimentaire des groupements humains évoluent dans le temps. Jusqu'au XIXᵉ siècle, l'approvisionnement des villes s'organise au moyen de ceintures maraîchères concentriques en périphérie des espaces habités. La révolution industrielle et les deux guerres mondiales, synonymes de progrès techniques en termes de transports, de mécanisation et de développement d'engrais chimiques notamment, marquent une rupture dans ces rapports étroits entre espaces agricoles et espaces urbains. En Europe, les politiques d'après-guerre telles que la PAC (Politique agricole commune) dès 1962, ou les accords de libre-échange passés avec de grandes puissances telles que le Canada ou le Japon, contribuent au développement progressif de systèmes alimentaires mondialisés. Au cours du XXᵉ siècle, les espaces de production sont repoussés plus loin, dans des bassins de production de plus en plus spécialisés (Poulot, 2014), alors même que les espaces urbains concentrent la demande alimentaire. En conséquence, les impacts des activités urbaines sur le plan alimentaire se situent essentiellement à l'extérieur des limites de la ville.

Cette transition vers un modèle mondialisé et l'intensification des modes de production associée ont en effet des impacts écologiques sur la biosphère et le climat (Grenier, 2019). Récemment, les crises sanitaires et les conflits politiques internationaux ont souligné la fragilité des modes d'approvisionnement alimentaires contemporains : la pandémie de la Covid-19 a provoqué une inflation des prix des produits alimentaires chiffrée à + 1,9 % et + 0,6 % en 2020 et 2021 (OFPM, 2022). Aussi, malgré les ambitions de résilience de ce système mondialisé, le nombre de bénéficiaires d'aides alimentaires ne cesse d'augmenter, passant de 2,5 à 5,5 millions en dix ans (Paturel *et al.*, 2022). Les dynamiques de libéralisation économique et d'internationalisation des échanges alimentaires observées depuis la seconde moitié du XXᵉ siècle sont associées à un déclin très net du nombre d'exploitations agricoles (– 75 % entre 1970 et 2020) en France (Agreste, 2020), et à une précarisation de la profession agricole, de plus en plus dépendante des aides compensatoires de la Politique agricole commune (Piet, *et al.*, 2020). L'ouverture mondialisée des échanges, se voulant pourtant garante du maintien de la souveraineté alimentaire des pays, devient paradoxalement une menace pour leur capacité à assurer leur approvisionnement, y compris au sein de l'Union européenne (Brun, 2022).

En réponse à ces enjeux, on voit émerger ces vingt dernières années un intérêt pour le développement de systèmes alimentaires de proximité, notamment au sein des organisations d'acteurs et des politiques publiques (Crosnier, *et al.*, 2022). Les villes deviennent des lieux d'innovation pour des systèmes alimentaires durables (Valette, *et al.*, 2022) et voient émerger des initiatives visant le maintien et le développement d'activités de production, de transformation et de distribution de denrées alimentaires à des fins de consommation locale. Ces initiatives s'observent à la fois « par le haut » en termes de politiques publiques, de réglementation, mais également « par le bas » par mobilisation d'agriculteurs, de consommateurs, ou de structures associatives autour du développement du lien entre acteurs et espaces de production et de consommation. Les documents de planification tels que les Projets alimentaires territoriaux initiant des démarches de planification agricoles et alimentaires (Consales, *et al.*, 2018), accordent désormais souvent une place à l'agriculture dans la fabrique de la ville (Douence, *et al.*, 2018)[1]. Ces dispositifs correspondent à une territorialisation des politiques publiques, dont se saisissent les acteurs au niveau local. Les initiatives « par le bas » s'inscrivent dans les « approches de la proximité » (Guiomar, 2015) : celles-ci regroupent, d'une part, des stratégies de « relocalisation », basées sur la proximité géographique entre lieux de production et consommation et, d'autre part, des stratégies de « réseau », s'appuyant sur la proximité interindividuelle et l'organisation entre producteurs et consommateurs. Elles s'opposent à d'autres approches comme la « reterritorialisation », qui consiste en la mention de l'origine géographique du produit consommé (Guiomar, 2015). Permettant un renouvellement des proximités spatiales et relationnelles entre les acteurs des circuits alimentaires (Bognon, 2017), la référence au « territoire » souligne la « mise en patrimoine », l'identification de certains lieux comme « terroirs » par les acteurs agroalimentaires (Rieutort, 2009). En cela, la « reterritorialisation » ajoute une dimension sociale aux dynamiques de relocalisation.

Un exemple d'initiative combinant relocalisation et approche réseau correspond aux circuits courts, participant à « relocaliser les pratiques et les relations » (Duboys De Labarre, *et al.*, 2021), qui gagnent en visibilité ces dernières années. La part d'exploitations françaises vendant en circuit court progresse entre 2010 et 2020 de +5,6 %, avec 23 % des exploitations concernées en 2020 (Agreste, 2020). Le circuit court est d'abord défini par le ministère de l'Agriculture (2009) comme un mode de commercialisation de produits agricoles par vente directe, ou par vente indirecte à condition qu'il n'y ait qu'un unique intermédiaire entre producteur et consommateur. Cette définition du circuit court limitant le nombre d'intermédiaires, vise le maintien d'un échange entre producteurs et consommateurs pour introduire une confiance quant à la qualité du produit : il

---

1    Les PAT sont initiés depuis 2014 par la Loi d'avenir pour l'agriculture, l'alimentation et la forêt, et sont labellisés par le Ministère de l'agriculture et de la souveraineté alimentaire.

s'agit d'une proximité dite « fonctionnelle. » Par la suite, de nombreux auteurs (Chiffoleau, 2008 ; Bognon, 2017) ; (ADEME, 2017) précisent la notion de « circuit court » en « circuit court et de proximité » (CCP), s'appuyant également sur une proximité « spatiale », qui correspond à une limitation des distances géographiques entre lieux de production et de consommation.

Or, ces circuits courts et de proximité regroupent une grande diversité de modes de vente et d'organisations entre producteurs et consommateurs : vente directe individuelle, via une AMAP (Association pour le Maintien de l'Agriculture Paysanne), en point de vente collectif, via un commerce de détail et même au sein de la grande distribution (Chaffotte, *et al.*, 2007), mais aussi par le biais de groupements d'achat, de marchés, ou encore de drives fermiers (Novel, 2019). Il n'est donc pas aisé de distinguer de manière stricte ce qui relève d'un CCP de ce qui n'en relève pas. Le critère de proximité spatiale prend des formes variables et n'est pas uniformément partagé : si certains auteurs s'accordent à fixer une limite géographique de 100 km entre lieu de production et lieu de consommation (ADEME, 2017) ou variant entre 50 et 100 km (Callois, 2022), d'autres précisent ce critère spatial en identifiant plusieurs typologies d'AMAP avec des distances moyennes parcourues de 18 à 60 km selon le cas (Guiraud, 2019). Pour certaines plateformes comme la « Ruche qui dit oui », la distance maximale entre lieu de production et point-relais est de 250 km (Stephens, 2021).

Outre les critères spatial et fonctionnel, d'autres auteurs interrogent la pertinence du simple critère fonctionnel qui impose un maximum d'un intermédiaire, excluant de fait les circuits faisant intervenir des intermédiaires non marchands tels que des transporteurs ou transformateurs (Praly, 2014). D'autres critères de proximité se retrouvent ainsi dans la littérature : une proximité « relationnelle » est mobilisée en complément de la proximité spatiale dans le cadre d'analyse des filières sylvicoles (Lenglet, 2018). Celle-ci est présente également pour les filières alimentaires, sous les termes « d'échanges d'informations entre producteurs et consommateurs [...] sur la qualité des produits et sur les contraintes pesant sur la production et la consommation » (Chiffoleau, *et al.*, 2012), ou « [d']interconnaissance et [de] rapprochement plus direct et/ou organisé entre les acteurs » (Gatien-Tournat, *et al.*, 2016). La proximité relationnelle complète la fonctionnelle, en cela qu'elle reflète le degré d'interconnaissance entre producteur et consommateur : elle correspond ainsi au « renforcement des conditions de l'échange marchand » par un partage de valeurs et de connaissances sur le produit (Praly, 2014), d'une communication des producteurs « sur leur métier, leurs pratiques », allant jusqu'à la rédaction de chartes dans le cas des AMAP par exemple, comme gage de confiance mutuelle (Noel, *et al.*, 2018).

Les divers types points de vente relayant des produits de proximité ne présentent pas les mêmes modes de commercialisation. De nombreux auteurs s'attachent à comparer leurs caractéristiques en termes de proximités mobilisées, identifiant par exemple les AMAP comme l'une des formes de commerce de proximité les plus à même de faciliter l'échange d'informations, par la participation aux activités de la ferme notamment (Hérault-Fournier, 2013 ; Deprez,

2017). Ces types de points de vente mobilisent des modes de commercialisation différents : pour le consommateur, l'achat à la ferme ou en AMAP est souvent la garantie d'une réduction du nombre d'intermédiaires, d'une limitation des distances parcourues et d'une bonne qualité d'information sur le produit (Benedetti, *et al.*, 2023).

Au-delà de l'analyse de ces circuits, la littérature en géographie traite largement du fait alimentaire (Rieutort, 2009) ; (Billion, 2017) ; (Brand, *et al.*, 2017) ; ou encore (Perrin, *et al.*, 2018). Beaucoup de ces approches mobilisent des méthodologies qualitatives d'observation et d'entretien avec les acteurs, et présentent tout leur intérêt en termes de réflexion sur la mise en œuvre de politiques publiques, la nature des liens producteur-consommateur, ou les modalités de maintien d'activités agricoles sur les territoires. Cependant, alors qu'est soulignée la nécessité d'interroger les échelles géographiques contribuant à la résilience alimentaire d'un territoire pour « faire jouer [leurs] complémentarités » (Callois, 2022), peu d'auteurs s'intéressent quantitativement à l'échelle spatiale dans laquelle s'inscrivent ces dynamiques de relocalisation, et à l'emploi des terminologies de « local » ou de « proximité ». Or, ces terminologies sous-tendent des questions essentielles en géographie. Le local trouve des acceptions variables, parfois renouvelées sous le terme « d'éthique de la distance » (Loudiyi, *et al.*, 2022). Si certains auteurs développent la notion de SAT (système alimentaire territorialisé, intégré dans un « espace géographique de dimension régionale » (Rastoin, 2015), la littérature ne cherche pas à établir de consensus sur le périmètre géographique « local ». Certaines variables comme la densité de population sont parfois proposées comme facteurs conditionnant le local, rendant son périmètre dépendant des variations démographiques saisonnières (Baysse-Lainé, 2021).

Les quelques travaux issus de la géographie quantitative caractérisant la présence ou le développement potentiel de ces circuits (Guiraud, *et al.*, 2014) ; (Bermond, *et al.*, 2019) mobilisent des données spatialisées issues du recensement agricole (RGA), disponibles à un découpage administratif communal ou départemental. Si ces données RGA identifient les lieux de production commercialisant en circuit court, elles ne distinguent pas la nature de ces circuits (vente à la ferme, AMAP, marché, etc.) ; et elles ne permettent pas de mettre en lien ces lieux de production avec les points de vente qu'ils approvisionnent. Pourtant, soulever la question d'un approvisionnement local implique d'interroger les liens existants entre espaces urbains consommateurs et espaces ruraux producteurs (Gatien-Tournat, *et al.*, 2016).

Dans un contexte de mutation des modes d'approvisionnement alimentaire et de disparition progressive des espaces de production à proximité des espaces de consommation, interroger quantitativement la dimension spatiale de ces circuits, et le degré d'interaction entre producteur et consommateur qu'ils autorisent, est un levier d'analyse des liens entre espaces de production et de consommation, des formes de commercialisation de proximité qui persistent sur les territoires, et leur traduction spatiale, fonctionnelle et relationnelle. C'est ce que propose cet article à partir du cas niçois.

## 1.2 Multiplicité des formes prises par le CCP : illustration avec l'exemple niçois.

Chef-lieu des Alpes-Maritimes, la ville de Nice s'inscrit dans un département sujet à un fort déclin agricole au cours des deux derniers siècles ; mais qui présente cependant l'un des plus forts taux (65 %) d'exploitations commercialisant en circuit court en France (Agreste, 2020). Nice constitue ainsi un cas d'étude de choix pour les circuits alimentaires de proximité.

Historiquement, le principal espace de production alimentant la ville, le « grenier » de Nice, correspond à la plaine alluviale du fleuve Var qui borde la ville à l'ouest. Au XIXe siècle, les principales formes agraires représentées dans la plaine du Var sont l'horticulture, l'oléiculture, la viticulture et la céréaliculture avec le blé principalement. Selon le recensement de 1856, 83 % de la population des communes de l'arrière-pays vit de l'agriculture, ce chiffre montant à 90 % pour certaines d'entre elles. Bien que l'essentiel de la production soit autoconsommée, le littoral et son arrière-pays ne sont pour autant pas autonomes et importent certaines denrées alimentaires telles que le blé, le vin et y compris l'huile, pourtant en principe excédentaires (Kayser, 1958, p. 123).

Cent ans plus tard, à la fin des années 1950, les espaces agricoles de la plaine alluviale ont été pour la plupart repoussés en altitude vers les Alpes, dans un mouvement de disparition agricole résultant de dynamiques démographiques, économiques, foncières et techniques. Dans un contexte de forte compétitivité, l'intensification de l'agriculture ne peut en effet se passer de transformations coûteuses des infrastructures d'irrigation ; de plus, le prix des terrains à bâtir est tel que le paysan constate que la vente de son terrain est la « plus rémunératrice des activités » (Kayser, 1958, p. 374). Ainsi, au milieu des années 1950, les marchés niçois délaissent déjà les produits de l'agriculture traditionnelle : les paysans sont concurrencés par des « négociants en gros » qui disposent d'une meilleure organisation logistique et de moyens matériels comme les chambres froides (Kayser, 1958, p. 374). Parallèlement, dans un contexte de développement du tourisme et de pression foncière, les activités agricoles autour de Nice observent un fort déclin au cours du XXe siècle : les chiffres du RGA indiquent une disparition de plus de 85 % des exploitations maralpines entre 1970 et 2020 (Agreste, 2020). Le département abrite aujourd'hui une majorité de petites exploitations (78 % ont une surface agricole utile inférieure à 2,5 ha), dont les activités se déploient selon la variété des paysages, sur le littoral avec une dominante en horticulture, polyculture et polyélevage, et en haute montagne avec une dominante d'élevage (Agreste, 2020). Aujourd'hui Nice compte près de 350 000 habitants, ce qui la classe au rang de cinquième ville de France ; elle s'inscrit au sein d'une unité urbaine de près de 950 000 habitants, concentrant ainsi une forte demande alimentaire. Espace en mutation au cours du XXe siècle, le cas niçois est donc un exemple de choix pour étudier la disparition progressive des activités agricoles de proximité, mais également le maintien de certaines formes de circuits de commercialisation de produits dits « locaux ».

La ville de Nice présente une offre et une demande en produits issus de circuits courts relativement faibles, qui correspond à un potentiel restreint de développement de ces circuits (Guiraud, *et al.*, 2014). Les auteurs montrent cependant que certaines communes situées à proximité immédiate de Nice (Gattières, La Gaude, Castagniers, Falicon), présentent au contraire une offre de circuits courts relativement bien développée, et au sein des exploitations agricoles des Alpes-Maritimes plus généralement : une majorité de communes maralpines présentent des exploitations dont plus de 50 % commercialisent en circuit court (Bermond, *et al.*, 2019). Quelques formes de circuits courts et de proximité continuent ainsi d'alimenter le bassin de consommation niçois : traditionnellement sur les marchés, à la ferme, par le biais d'un intermédiaire (primeur, magasin de détail alimentaire), dans le cadre de structures associatives (AMAP), ou encore par le biais de plateformes internet, en relais-dépôt ou en livraison à domicile (« La Ruche qui dit oui », « Locavor »). Dans chacun de ces cas, les critères de proximités spatiale, relationnelle et fonctionnelle prennent des dimensions différentes : le constat de cette diversité de formes au sein d'un même bassin de consommation niçois souligne la complexité de circonscrire une unique définition des CCP.

Ce double constat, d'une diversité de formes de CCP et d'un flou dans leur définition académique, soulève plusieurs problématiques. La première est d'identifier à travers cette grande variabilité spatiale, fonctionnelle et relationnelle, si se dégagent des types de circuits aux caractéristiques semblables : quelles caractéristiques présentent les grandes formes de CCP du bassin de consommation niçois ? Un second objectif consiste à mesurer les liens d'influence unissant les proximités spatiale, fonctionnelle et relationnelle, pour déterminer s'il existe ou non des corrélations entre ces variables : en quoi les proximités spatiales, relationnelles, fonctionnelles sont-elles interdépendantes ? Enfin, ce travail permet d'éclairer les définitions de « court » et de « proximité » à la lumière du cas niçois : quelles acceptions de circuits « courts » et « de proximité » l'exemple niçois amène-t-il à établir ?

## 2 Méthodologie

### 2.1 Le diagnostic des circuits courts et de proximité niçois par enquête de terrain

La méthodologie proposée se décline en deux phases : une première phase de recueil de données sur le terrain et une seconde phase d'analyse de ces données. L'étape de terrain vise à caractériser par enquêtes la manière dont les acteurs du bassin de consommation niçois pratiquent concrètement les circuits courts et de proximité. Basée sur les déclarations des vendeurs rencontrés sur le terrain, l'enquête évalue les critères de proximité définis dans la littérature : la proximité spatiale entre lieu de production et de vente ; la proximité fonctionnelle soit le nombre d'intermédiaires entre producteur et consommateur ; et la proximité relationnelle, c'est-à-dire la capacité du vendeur à établir une confiance vis-à-vis du consommateur dans le cadre de l'échange marchand. La question de l'autonomie alimentaire de ce territoire, autrement dit l'importance de ces CCP au regard des circuits longs alimentant Nice, est écartée de ce travail. À ce jour en effet, les systèmes alimentaires localisés ne représentent que de petits volumes de marchandises, rendus ainsi complémentaires au modèle global (Mundler, *et al.*, 2022).

Le diagnostic a été réalisé entre mars et juin 2022, pour un total de 156 entretiens réalisés sur les points de vente niçois déclarant vendre en CCP. A ces entretiens s'ajoutent des recherches internet concernant les 5 « Ruche qui dit oui » et 1 « Locavor », ainsi que le démarchage par téléphone ou courriel de 79 transformateurs, 22 producteurs et 5 grossistes. Au total, 579 acteurs ont été identifiés comme participant à l'approvisionnement « en CCP » de la ville de Nice : 315 producteurs, 155 vendeurs, 93 transformateurs, 12 grossistes, 2 groupements de producteurs et 2 restaurateurs. A ces 579 acteurs identifiés grâce à la base SIRENE, on ajoute 84 lieux de production dont on ne connaît que la commune, la région ou le pays ; et 5 lieux de transit (Marché d'intérêt national, plateforme logistique, plateforme de centralisation de produits d'une chaîne de magasins) pour un total de 668 lieux répertoriés dans la base de données. À la différence de la plupart des bases de données existantes en matière de recensement agricole, la base constituée unit les lieux de production aux lieux de vente qui concourent à l'écoulement de leur production.

En proposant le recensement et l'analyse du réseau d'acteurs de ces circuits, notre recherche propose de caractériser les organisations fonctionnelle, relationnelle, et l'emprise spatiale des espaces de production « de proximité » alimentant Nice, à partir d'une entrée par le bassin de consommation. Cette analyse ne s'intéresse donc délibérément qu'aux initiatives « par le bas » dans la même logique que celle adoptée par le projet LOCAL (Mariolle, *et al.*, 2021). De la même manière qu'un consommateur, les enquêteurs se sont rendus sur les lieux de vente de produits déclarés en CCP (marchés, AMAP, primeurs, magasins de producteurs...) pour interroger les vendeurs. L'échange vise à obtenir les informations les plus précises possibles sur la chaîne de distribution en amont, pour identifier l'origine géographique de production de la denrée alimentaire, les éventuelles étapes de transformation, le nombre d'intermédiaires, et évaluer la capacité du vendeur à fournir des informations sur le produit.

Lorsque le vendeur n'était pas en mesure de répondre aux questions, cette enquête a été complétée par des entretiens téléphoniques et recherches internet auprès des acteurs de la production ou de la transformation, pour préciser ces étapes : par exemple, la prise de contact avec une boulangerie pour identifier l'origine du blé et le moulin ; ou avec un producteur de viande pour identifier le lieu d'abattage. Le questionnaire à destination des producteurs, transformateurs ou grossistes vise de la même manière à caractériser le cheminement du produit au long du circuit. Lorsque des informations détaillées ne peuvent être obtenues, la base de données a tout de même été complétée avec le maximum d'informations disponibles : par exemple, une origine géographique approximative (à défaut d'une exploitation agricole précise, une commune, une région ou un pays dans certains cas). Dans ces cas de figure où l'information est peu claire ou difficile à obtenir auprès du vendeur, le critère relationnel en est affecté pour refléter la difficulté pour le client d'établir une relation de confiance dans la transaction marchande autour du produit.

La proximité spatiale est établie par simple mesure de la distance kilométrique entre lieux de production et de vente du produit[2]. La proximité fonctionnelle correspond au dénombrement des intermédiaires entre producteur et consommateur : par exemple, une valeur 0 lorsque le vendeur est également le producteur (vente directe) ; et une valeur 1 lorsqu'un vendeur achète le produit, avant de le revendre au consommateur. Enfin, la proximité relationnelle est subjective, et relève d'une appréciation de l'enquêteur quant à la capacité du vendeur à renseigner sur la provenance, la qualité du produit ou le mode de production ; en somme, à établir une relation de confiance avec le consommateur. Pour la mesure de ce critère relationnel, une échelle de notation a été proposée allant de 0 à 5 : la proximité 0, correspondant à une pleine capacité du vendeur à renseigner le client sur l'origine et la qualité du produit (provenance des semences, mode de production, utilisation ou non d'intrants, éventuelle labellisation) ; la proximité 1, correspondant à une capacité du vendeur à donner des détails sur l'origine du produit, avec un degré d'information correct sur sa qualité ; la proximité 2, lorsque les informations dispensées sur l'origine et la qualité du produit sont correctes ; la proximité 3, lorsque les informations sur l'origine et la qualité du produit sont toutes deux minimales ; la proximité 4, pour un renseignement minimal sur l'origine (au mieux, une information dispensée sur la commune), mais aucun renseignement sur la qualité ; et enfin, la proximité 5 si le vendeur ne peut ou ne souhaite pas donner d'information sur la provenance ou la qualité du produit[3].

Outre ces informations visant la caractérisation du réseau de distribution, la collecte de données concerne également les types de produits échangés. Dix catégories principales (fruits et légumes, œufs, produits laitiers, produits de la mer, viandes, produits boulangers, produits transformés, produits secs, miels, boissons alcoolisées de types bières) ont été enrichies de catégories secondaires spécifiques au patrimoine agricole de la région (produits de l'olive, vins et huiles) pour un total de treize catégories recensées.

---

2  Le score de distance spatiale n'est pas établi par point de vente, mais bien par produit échangé (c'est-à-dire pour chaque binôme producteur-vendeur).

3  Que le vendeur ne puisse pas ou ne veuille pas renseigner l'enquêteur a pour unique conséquence que l'information n'a pu être communiquée. Les deux situations n'ont pas été distinguées dans l'attribution d'une distance relationnelle.

## 2.2 Analyse des données recueillies

La seconde phase du travail consiste en l'analyse statistique et spatiale des informations recueillies. Tout d'abord, il s'agit de caractériser les corrélations statistiques existant ou non entre les différentes variables spatiale, fonctionnelle et relationnelle. Dans un second temps, le recours à une méthode de classification non supervisée (*clustering*) permet de segmenter les observations en différentes typologies de CCP. Réalisée uniquement à partir des critères de proximité fonctionnelle et relationnelle, soit des éléments relevant de l'organisation des acteurs entre eux, la classification permet d'observer si ces différentes typologies d'organisation d'acteurs ont une traduction spatiale, autrement dit, si des proximités fonctionnelles et relationnelles de bonne qualité correspondent ou non à des distances géographiques spécifiques. La classification effectuée est donc *a priori* indépendante des liens spatiaux qui unissent bassins de production et de consommation. On observe ensuite si les classes constituées répondent ou non à des logiques spatiales différentes, ce qui permet de ne pas présupposer l'influence de la proximité spatiale sur les autres critères de proximité. L'analyse de ces classes, à la fois en termes d'emprise spatiale et de types de produits proposés à la vente, permet de mener une réflexion sur ce que signifie produire « à proximité », sur la manière dont les acteurs s'approprient la notion de CCP, et sur la capacité du territoire à s'auto-approvisionner.

## 3 Résultats

### 3.1 Une grande variabilité des formes de CCP Niçois

La mesure des proximités spatiale, fonctionnelle et relationnelle s'effectue pour chaque binôme producteur-vendeur. Par exemple, un producteur vendant lui-même ses légumes à la ferme correspond à une observation, qui présente respectivement pour ces trois critères les valeurs 0 ; 0 ; X (0 km, 0 intermédiaire, X varie de 0 à 5 en fonction de l'appréciation de l'enquêteur sur la capacité du vendeur à le renseigner sur le produit). Ce même producteur vendant ses légumes par l'intermédiaire d'un magasin biologique situé à 10 km, correspond à une seconde observation de valeurs : 10 ; 1 ; X (10 km, 1 intermédiaire et X variant de 0 à 5).

Cette première visualisation de la base de données (Figure 1) pose le constat d'une forte variabilité des critères spatial, fonctionnel et relationnel derrière la même étiquette de circuit court et de proximité. Les acteurs participant à alimenter Nice en CCP ont une distribution spatiale fortement concentrée autour de la ville et dans sa périphérie régionale, mais également dans certains cas une portée mondiale. De plus, la Figure 1 laisse supposer une variabilité spatiale des critères fonctionnels et relationnels. La ceinture la plus proche de Nice présente les distances relationnelles moyennes les plus faibles, qui correspondent à un échange marchand reposant sur le partage de valeurs et de connaissances sur le produit (Praly, 2014). La distance relationnelle moyenne augmente au-delà de la première

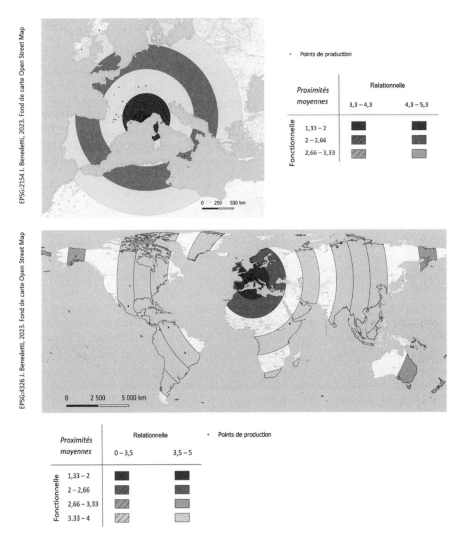

**Fig. 1** Proximités fonctionnelle et relationnelle moyennes des points de production alimentant et leur dispersion spatiale.

*Average functional and relational proximity of supply production points and their spatial dispersion.*

ceinture, ce qui suggère que la qualité d'information décroît avec la distance géographique. De la même manière, la ceinture européenne présente une distance fonctionnelle moyenne faible, soit un petit nombre d'intermédiaires intervenant au long du circuit ; tandis que le nombre moyen d'intermédiaires semble croître avec la distance (Figure 1). Cependant la troisième ceinture contredit cette affirmation, puisque celle-ci présente un nombre moyen d'intermédiaires légèrement inférieur à la deuxième.

**Tab. 1**     Points de production par échelon territorial et leur distance moyenne à Nice.
*Production points by territorial level and their average distance from Nice.*

| Échelon territorial | Points de production (pourcentage) | Points de production (pourcentage cumulé) | Distance moyenne (km) |
|---|---|---|---|
| Commune (Nice) | 8 | 8 | 3,6 |
| Intercommunalité (Métropole Nice Côte d'Azur) | 20 | 28 | 11 |
| Département (Alpes-Maritimes) | 26 | 54 | 132 |
| Région (PACA) | 28 | 82 | 142 |
| France | 11 | 93 | 378 |
| Union Européenne | 5 | 97 | 591 |
| International | 3 | 100 | 8 811 |

De plus, les acteurs de la base de données présentent une variabilité dans leurs fonctions : si une majorité sont agriculteurs ou éleveurs, d'autres sont transformateurs, vendeurs ou grossistes, autrement dit appartiennent à un circuit de plus d'un intermédiaire. Enfin, ces données soulignent la difficile traçabilité de certains produits : la présence de lieux de production où l'agriculteur n'a pu être identifié, reflète la difficulté d'accès aux informations sur le produit acheté. Si cette difficile traçabilité est monnaie courante sur de longues distances, on la retrouve également à proximité immédiate de la ville : certains vendeurs ne peuvent ou ne souhaitent pas renseigner sur la qualité et l'origine du produit et cela quelle que soit la distance parcourue. On retrouve donc aussi bien des lieux de production dont seul le pays ou la commune d'origine sont identifiés, ou qui correspondent au centroïde d'un IGP, l'exploitation n'ayant pu être identifiée précisément.

**Tab. 2**     Proximités fonctionnelles au sein des CCP Niçois.
*Functional proximity within the Nice CCPs.*

| Critère fonctionnel (nombre d'intermédiaires) | Exemples de modes de vente | Occurrence au sein des CCP niçois (%) |
|---|---|---|
| 0 | Vente directe (marché de producteurs, AMAP, à la ferme…) | 4,4 |
| 1 | Vente en boutique, en marché via un détaillant, via un relais logistique ou un transformateur… | 55 |
| 2 ou plus | Multiplication des intermédiaires : grossistes, transformateurs, transporteurs, détaillants… | 41 |

Le concept de *foodshed* ou « bassin agroalimentaire » correspond aux espaces géographiques contribuant à approvisionner une population en denrées alimentaires, incluant espaces de production, de transformation, de transport et de distribution (Hedden, 1929). En termes de variabilité spatiale, les distances parcourues par les produits s'étalent entre 0 km (cas d'une vente à la ferme) et 18 800 km (certains produits composites étant acheminés depuis la Nouvelle Zélande). Dans le cadre d'une réflexion sur l'emprise spatiale des CCP tels que définis par les acteurs territoriaux, l'observation de la distribution spatiale des points de production au sein des échelons administratifs (commune, intercommunalité, département, région, pays, Union européenne, et le cas échéant au niveau international) permet d'amener une réflexion sur l'ordre de grandeur du bassin « de proximité » alimentant la ville. Le pourcentage de points de production présents au sein de chaque échelon territorial, en excluant les points contenus au sein de l'échelon territorial inférieur (Tableau 1), indique que l'échelon régional regroupe à lui seul 28 % des points de production, suivi de l'échelon départemental (26 %), puis de l'intercommunal (20 %). Nice étant une commune relativement artificialisée, elle n'abrite que 8 % des points de production qui l'alimentent en CCP. L'échelon régional représente ainsi pour l'essentiel des enquêtés la limite géographique du bassin de proximité alimentant Nice en CCP. À l'inverse, de manière inclusive (en comptabilisant au sein d'un échelon donné les points appartenant à l'échelon inférieur), l'échelon régional regroupe 82 % des points de production qui alimentent Nice en CCP, tout en limitant les distances parcourues (142 km en moyenne). Le département présente quant à lui un moins bon ratio entre limitation des distances et maximisation du nombre de points de production (54 % des points pour 132 km en moyenne).

**Tab. 3**   Proximités relationnelles au sein des CCP niçois.
*Relational proximity within the Nice CCPs.*

| Niveau | Capacité du vendeur à renseigner le client | Occurrence au sein des CCP niçois (%) |
|--------|---------------------------------------------|----------------------------------------|
| 0 | Pleine capacité du vendeur à renseigner le client sur l'origine et la qualité du produit. | 6,5 |
| 1 | Capacité du vendeur à renseigner le client de manière détaillée sur l'origine du produit et correctement sur sa qualité. | |
| 2 | Les informations sur l'origine et la qualité du produit sont correctes | 28 |
| 3 | Les informations sur l'origine et la qualité du produit sont minimales | |
| 4 | Le vendeur renseigne de manière minimale le client sur l'origine du produit mais n'est pas capable ou ne souhaite pas renseigner sur sa qualité. | 66 |
| 5 | Le vendeur ne peut/souhaite pas renseigner sur l'origine et la qualité du produit | |

En termes de variabilité fonctionnelle également, les CCP niçois sont hétérogènes (Tableau 2) : 55 % des circuits de distribution présentent 1 intermédiaire, 23 % présentent 2 intermédiaires, et 18 % en présentent 3 ou plus. Seuls 4,4 % des circuits sont en vente directe (0 intermédiaire).

En termes de variabilité relationnelle enfin (Tableau 3), seuls 6,5 % des produits vendus en CCP peuvent voir le client renseigné de manière satisfaisante sur la qualité et l'origine des produits (proximités 0 ou 1) ; 28 % d'entre eux présentent une qualité moyenne d'information (proximités 2 ou 3) ; et 66 % d'entre eux une mauvaise qualité, voire une absence d'information (proximités 4 ou 5).

## 3.2 Les typologies de produits associées à ces CCP

L'ensemble des circuits identifiés comme CCP voient transiter une grande variabilité de produits. Sont les plus représentés les fruits et légumes (environ 41 % des produits), puis les produits transformés (une catégorie large allant de la soupe en bocal au café, 22 %), les produits de la mer (8 %), les viandes et les produits laitiers (5 % chacun). Pour terminer, apparaissent de manière marginale la bière, les produits boulangers, miels, produits de l'olive, l'huile et le vin (entre 2 et 4 % chacun). Il est à noter que les produits de l'olive, les huiles et le vin, pourtant représentatifs du paysage agricole niçois, sont assez peu représentés dans les circuits se revendiquant pourtant « de proximité. »

La Figure 2 présente les distances minimales, maximales, et moyennes parcourues par chaque type de produits. Il apparaît que types de produits et distances parcourues sont liés : de manière intuitive, certains produits (bières, produits de la mer, produits boulangers, et produits transformés tels que le café ou le chocolat) transitent sur de plus longues distances car issus de matières premières produites à l'étranger, ou venant de zones de pêches reculées (Alaska, mer Baltique). À l'inverse, les petites distances géographiques sont associées à des produits tels que les œufs, produits maraîchers, miels, produits de l'olive (entre 36 et 79 km), vins, huiles, produits laitiers, céréales, épices (moins de 200 km) auxquelles s'ajoutent les viandes (moins de 300 km) (Figure 2).

De la même manière, certaines typologies de produits sont associées à un plus grand nombre d'intermédiaires et une moins bonne connaissance du circuit pour les consommateurs. Par exemple, produits transformés, produits boulangers, bières, produits laitiers, produits de la mer et viandes transitent en moyenne par le biais de 2 intermédiaires, avec à la clé une moins bonne information du client (proximité relationnelle moyenne supérieure à 4) ; alors que miels, œufs, fruits et légumes présentent un nombre moyen d'intermédiaires de 1, avec une meilleure information du client (proximité relationnelle moyenne entre 2,5 et 3).

Ainsi, ces premiers résultats soulignent qu'à une diversité de formes de CCP correspond une diversité de types de produits. Bien que cette segmentation ne soit pas stricte, on observe que certains types de produits sont le plus souvent associés à de petites distances géographiques, de petits nombres d'intermédiaires et un bon niveau d'information du client (œufs, miels, fruits et légumes essentiellement) ;

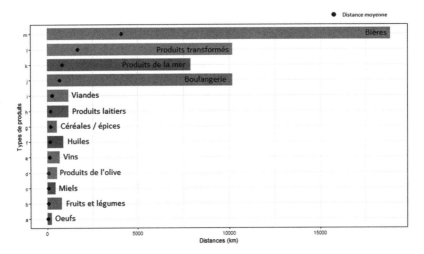

**Fig. 2**    Distances minimales, maximales et moyennes parcourues par chaque type de produit.

*Minimum, maximum and average distances covered by each product type.*

quand d'autres sont souvent associés à de grandes distances, un plus grand nombre d'intermédiaires et un moins bon niveau d'information du client (produits transformés, produits boulangers, bières, produits de la mer, viandes).

### 3.3 Liens statistiques entre proximités : vers une classification n on supervisée en typologies de CCP

Une première analyse des corrélations entre proximités spatiale, fonctionnelle et relationnelle conduit aux coefficients de Spearman suivants : $\rho = 0{,}66$ entre les proximités fonctionnelle et relationnelle ; $\rho = 0{,}72$ entre les proximités fonctionnelle et spatiale ; et $\rho = 0{,}48$ entre les proximités relationnelle et spatiale. On observe ainsi une corrélation positive entre ces trois variables, confirmant que la limitation des distances tend à être associée à un plus petit nombre d'intermédiaires et à une meilleure qualité d'information sur le produit. Ces liens de corrélation positive corroborent ainsi l'idée de modes de vente alternatifs permettant conjointement de limiter les distances parcourues, le nombre d'intermédiaires, et de faciliter la circulation d'informations entre producteurs et vendeurs.

Dans ce contexte, le recours à des méthodes de classification non supervisée (ou *clustering*) semble approprié pour segmenter les observations en groupements d'observations similaires, ou clusters (Comber, *et al.*, 2020) et ainsi caractériser les différentes formes de CCP coexistant. Dans notre cas, on propose de classifier à partir des critères fonctionnel et relationnel uniquement, mettant de côté le critère spatial. En effet, l'objectif est de classer les observations à partir d'éléments relevant de l'organisation des acteurs entre eux (nombre d'intermédiaires, qualité de transmission des informations au long du circuit), pour ensuite observer si ces différentes typologies d'organisation d'acteurs ont une traduction spatiale autrement dit si les typologies de proximités fonctionnelles et relationnelles établies ont des signatures spatiales spécifiques.

La méthode de classification par réallocation dynamique *k-means* (MacQueen, 1967) s'appuie sur la définition d'un nombre k de clusters. La méthode Elbow (Thorndike, 1953) est retenue pour identifier le nombre k optimisant le pourcentage de variance (i. e. de diversité) expliquée ; avec ici un nombre optimal $k = 3$. Parmi les observations, k individus sont aléatoirement désignés comme noyaux de classes. Un à un, chaque individu est inclus à la classe dont il est le plus proche, puis le centre de gravité des classes créées est recalculé après chaque inclusion. Les trois groupes d'observations (clusters) issus de la classification ont des profils fonctionnel et relationnel variables qui reflètent des formes diverses de CCP (Figure 3).

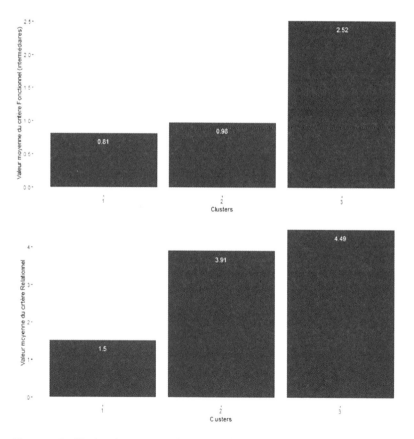

**Fig. 3**    Profils des clusters, pour les critères fonctionnel et relationnel.
*Cluster profiles for functional and relational criteria.*

Le cluster 1 regroupe 214 observations (23 % des cas) et présente les proximités fonctionnelle et relationnelle les plus petites (moyennes respectives de 0,81 et 1,5). Il s'agit de produits commercialisés le plus souvent en vente à la ferme ou en AMAP, avec à la clé une rencontre avec le producteur lui-même ou un intermédiaire à même de renseigner l'enquêteur. Le cluster 2 regroupe 369 observations (39 % des cas), avec des moyennes respectives pour les critères fonctionnel et relationnel de 0,98 et 3,91. Un nombre restreint d'intermédiaires est mobilisé, avec une moyenne du critère fonctionnel proche de celle du cluster 1. En effet, les produits sont en vente directe (0 intermédiaire) dans 19 % des cas pour le cluster 1 et 2 % des cas pour le cluster 2 ; et transitent par 1 intermédiaire dans 81 % des cas pour le cluster 1 et 98 % des cas pour le cluster 2. Ainsi, les critères fonctionnels des clusters 1 et 2 ne dépassent jamais un intermédiaire, et répondent donc à la définition de circuit court retenue par le Ministère de l'Agriculture (2009), soit une limitation du nombre d'intermédiaires à 1 maximum. En revanche, clusters 1 et 2 se distinguent sur le plan relationnel : alors que l'information dispensée est de bonne qualité pour le cluster 1 (1,5 en moyenne), elle est d'assez mauvaise qualité pour le cluster 2 (3,91). Retrouvés souvent sur les marchés de plein vent, ou dans de petits commerces, on peut penser que les produits commercialisés au sein du cluster 2 reflètent les cas où le vendeur ne sait ou ne souhaite pas renseigner le client sur la qualité et l'origine du produit.

Le cluster 3 regroupe 353 observations (38 % des observations), et rassemble les cas de figure où proximités fonctionnelle et relationnelle sont les moins satisfaisantes. Ce troisième cluster reflète les situations de vente nécessitant l'intervention de plusieurs intermédiaires, qu'il s'agisse de transformateurs, transporteurs ou grossistes (moyenne fonctionnelle de 2,52 intermédiaires). Souvent commercialisés en chaînes de magasins, ou par le biais de plateformes de vente en ligne, la capacité du vendeur à renseigner le client en est affectée, avec une moyenne relationnelle de 4,49.

Pour résumer, le cluster 1 présente des proximités fonctionnelle et relationnelle de bonne qualité (peu d'intermédiaires et bonne qualité d'information), tandis que celles du cluster 3 sont de faible qualité (plusieurs intermédiaires et mauvaise qualité d'information). Le cluster 2 est médian, se rapprochant du cluster 1 sur le critère fonctionnel (peu d'intermédiaires), et du cluster 3 sur le critère relationnel (mauvaise qualité d'information). La partie suivante s'attache à caractériser les proximités spatiales, ainsi que les typologies de produits (légumes, fruits, œufs, viandes, produits transformés...) représentés au sein de ces trois clusters, qui reflètent trois profils de circuits différents.

### 3.4 Emprise spatiale et typologies de produits associées aux trois clusters

La première partie des résultats présentés montrait que certaines typologies de produits transitaient sur de plus grandes distances, avec un plus grand nombre d'intermédiaires et une moins bonne connaissance du circuit. Les trois clusters établis présentent une grande variabilité, en termes de typologies de produits et de distances parcourues. L'analyse des typologies de produits et des emprises spatiales des trois clusters permet d'aboutir à une caractérisation sémantique de ces clusters : à quoi correspond le terme de « court » ? Jusqu'où peut-on parler de « proximité » ? Peut-on toujours parler de « circuit » ?

Le Tableau 4 présente pour chaque cluster la proportion des treize typologies de produits. Il apparaît ainsi que les CCP du cluster 3 regroupent des produits souvent transformés avec de multiples ingrédients ou étapes de transformation (Tableau 4) :

Les produits transformés sont les plus présents (environ 34 % des produits du cluster 3). Ils nécessitent plusieurs éléments composites dans leur confection (plats cuisinés, sauces, tartinades) : certains se revendiquent « de proximité » dans la mesure où l'un des composants est local (par exemple, les raviolis au citron de Menton), ou parce que l'ingrédient principal est produit localement (par exemple, le pâté de volaille à la truffe : la volaille comme ingrédient principal est élevée à la ferme, mais l'origine des truffes est inconnue). Dans d'autres cas ces produits transformés nécessitent des étapes de transformation/de transport dont la traçabilité n'est pas établie (café, chocolat) ;

Les produits de la mer représentent 18 % des produits du cluster 3. Leur appartenance à ce cluster s'explique par la faible traçabilité de leur origine. Si les « zones de pêche » sont indiquées au client, les vendeurs sont souvent peu à même de fournir des détails sur le pêcheur, et encore moins sur les intermédiaires transporteurs lorsque les produits sont acheminés sur de longues distances (830 km en moyenne) ;

Bien que très présents si l'on observe les typologies de produits tous clusters confondus, les fruits et légumes sont assez peu représentés dans ce troisième cluster (moins de 12 %). Ces produits maraîchers transitent via des circuits pour lesquels il n'est pas possible d'identifier précisément le lieu de production, ou impliquant des grossistes (via un Marché d'Intérêt National ou une plateforme logistique) ;

Dans 11 % des cas, les produits sont des viandes, avec un circuit difficile à retracer : le plus souvent, ce sont les étapes d'abattage ou de découpage qui ne sont pas identifiables ; d'autres fois, c'est le lieu d'élevage qui n'est pas précis (par exemple, un charcutier de la région PACA qui découpe du porc « ibérique ») ;

Comptant pour 6 % des cas, les bières sont les produits parcourant les plus longues distances : transformé « à proximité », le houblon parcourt 6 735 km en moyenne ;

Les produits de l'olive (5 %) répondent aux cas où d'autres ingrédients interviennent : par exemple, la pâte d'olive aromatisée à la tomate, dont l'origine n'est pas précisée ;

Les produits boulangers sont bien plus représentés que dans les autres clusters (Figure 4), et correspondent à 5 % des produits du cluster 3. Leur manque de traçabilité s'explique par le fait que seule l'étape de transformation est bien identifiée : les lieux de production des céréales et de meunerie sont rarement connus ;

Enfin, les autres produits sont peu voire pas présents au sein du cluster 3 (de 0 à 3 %).

Les clusters 1 et 2 regroupent majoritairement des fruits et légumes (74 % et 71 % respectivement), des produits laitiers (6 % et 7 %), mais également miels (5 %), produits transformés (4 %), produits de l'olive (3 %), vins, produits de la mer et huiles (2 % chacun). À l'inverse du cluster 3, les produits transformés des clusters 1 et 2 sont de type soupes, jus, purées, tartinades de légumes : l'ensemble des ingrédients composites sont cultivés sur site et les transformations (mixage, mise en bocal...) sont réalisées à la ferme, ne nécessitant pas d'intermédiaire transformateur. Les produits réclamant plusieurs étapes de transformation et plusieurs intermédiaires (viande, produits boulangers, bières) sont peu voire pas représentés.

**Tab. 4**    Types de produits au sein de chaque cluster.
*Product types within each cluster.*

| Proportions (%) | Cluster 1 | Cluster 2 | Cluster 3 |
|---|---|---|---|
| Fruits et légumes | 73,5 | 71,1 | 11,8 |
| Produits laitiers | 6,2 | 7,3 | 2,7 |
| Miels | 4,8 | 3,0 | 1,2 |
| Produits transformés | 3,7 | 4,5 | 33,6 |
| Produits de l'olive | 3,2 | 3,7 | 5,0 |
| Vins | 2,1 | 2,4 | 2,9 |
| Produits de la mer | 1,8 | 2,1 | 17,5 |
| Huiles | 1,8 | 1,7 | 2,4 |
| Œufs | 1,6 | 2,2 | 0,1 |
| Bières | 0,9 | 0,6 | 5,5 |
| Céréales et épices | 0,5 | 0,5 | 2,1 |
| Viandes | 0,1 | 0,7 | 10,7 |
| Boulangerie | 0 | 0,1 | 4,5 |

La Figure 4 présente quant à elle les proportions des trois clusters, c'est-à-dire des trois modes de commercialisation, pour chacun des treize types de produits. Il apparaît que les clusters 1 et 2 sont similaires, avec une forte présence du maraîchage, miel, des œufs et produits laitiers. À l'inverse, le cluster 3 présente majoritairement des produits nécessitant des étapes de préparation ou de fabrication (produits transformés, viandes, produits boulangers) ainsi que les produits de la mer et secs (céréales et épices). Enfin, les produits de l'olive, huiles et vins, pourtant représentatifs du terroir, utilisent des modes de commercialisation variés : la moitié sont vendus par le biais du cluster 3, et l'autre moitié se répartit entre les clusters 1 et 2.

L'ensemble des points de vente étant situés à Nice, l'observation de l'emprise spatiale des points de production associés à chacun des clusters permet d'apprécier la variabilité spatiale des trois types de CCP. La distance moyenne entre lieux de production et de vente de chaque cluster indique une grande similarité des clusters 1 et 2 sur le critère spatial. Les observations des clusters 1 et 2 se

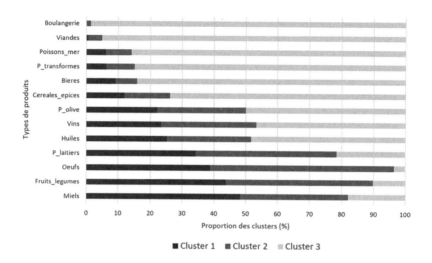

**Fig. 4**   Types de circuits de commercialisation (clusters) pour chaque typologie de produit.
*Types of marketing channels (clusters) for each product typology.*

caractérisent par des distances moyennes producteur-vendeur respectives de 29 et 36 km, contre 2 553 km pour le cluster 3. Les écarts-types des clusters 1 et 2 sont également proches sur le critère spatial (32 et 45), contre 4 790 pour le cluster 3.

La Figure 5 souligne que les points de production issus du cluster 1 ont une emprise spatiale qui s'étend essentiellement au sein du département (42 % des points de production), de l'intercommunalité (31 %), de la région (15 %), de la commune (10 %), et en Italie, à proximité immédiate de la frontière (1 %). Ainsi, la région abrite au total 99 % des points de production appartenant au cluster 1, le 1 % restant dépassant la limite administrative régionale puisque traversant la frontière italienne. Les points de production issus du cluster 2 ont une emprise spatiale qui s'étend essentiellement au sein de l'intercommunalité (40 % des points de production), du département (36 %), de la région (15 %) et de la commune (8 %). De la même manière que pour le premier cluster, 98 % des points de production appartenant au cluster 2 sont situés au sein de l'échelon régional. 1 % est issu de l'Union Européenne (Italie), et 1 % de la région Occitanie à la frontière immédiate de la région PACA. Les profils des clusters 1 et 2 sont ainsi très similaires en termes de distribution spatiale des points de production au sein de chaque échelon territorial ; tandis que le cluster 3 affiche un profil très différent (Figure 5).

Les points de production issus du cluster 3 sont regroupés essentiellement aux niveaux national (33 %), régional (30 %), et international (22 %), avec une distance moyenne parcourue de près de 2 550 km. La distance maximale correspond au houblon Néo-Zélandais, dont la transformation en bière est réalisée au sein de

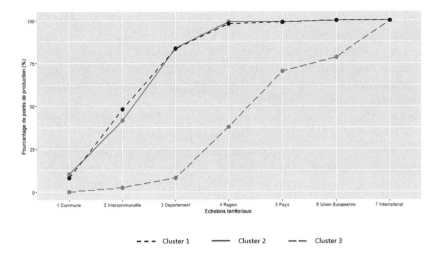

**Fig. 5**    Profils des clusters en termes de dispersion des points de production
au sein de chaque échelon territorial.
*Cluster profiles in terms of dispersion of production points within each territorial
level.*

l'intercommunalité (Métropole Nice Côte d'Azur). D'autres produits comme
le café, sont originaires du Brésil, Costa Rica, Colombie, Éthiopie, pour être
transformés (torréfaction, affinage...) à Nice. Ainsi, le cluster 3 reflète une réalité
très différente des deux autres clusters, à la fois en termes de distribution spatiale
des points de production, mais également en termes de types de produits.

## 4   Discussion

Les précédentes analyses ont montré la similarité des clusters 1 et 2 du point
de vue des critères fonctionnel et spatial, et également en termes de types de
produits distribués. Tous deux sont caractérisés par un bassin agroalimentaire
essentiellement régional (98 à 99 % des points de production situés en région
PACA) où circulent des produits correspondant au profil agricole régional ; et
présentent un petit nombre d'intermédiaires entre producteur et consommateur.
Cependant, ces deux premiers clusters se distinguent sur le plan relationnel, le
cluster 2 présentant une mauvaise qualité d'information. On peut donc penser
que les observations du cluster 2 reflètent les cas de figure où les vendeurs sont
peu enclins ou peu en mesure d'informer le client : il s'agirait donc plutôt de
« circuits de proximité » ; là où le cluster 1 correspondrait aux « circuits courts et
de proximité » avec un bassin d'approvisionnement regroupant l'ensemble des
étapes de la production à la vente au sein d'un même périmètre géographique.

Au terme de notre étude, les termes de « proximité » ou de « local, » très
employés dans le cadre des réflexions sur les enjeux alimentaires, peuvent être

éclairés à la lumière du cas niçois. Dans ce cas précis, c'est le périmètre régional qui apparaît de manière significative (98 à 99 % des cas, pour les clusters 1 et 2), comme le périmètre englobant l'intégralité des circuits de « proximité » (à la fois production, transformation et vente). Dans le cas niçois c'est donc cet échelon d'ordre régional, pour lequel les distances parcourues varient entre 0 et 324 km, qui peut être qualifié de « local ».

Seul le cluster 1 en revanche peut être caractérisé de « court et de proximité » dans la mesure où il répond aux critères suivants :
– l'ensemble du circuit (production, transformation et vente) réalisé dans un périmètre géographique réduit – dans le cas niçois, le périmètre régional ;
– un nombre d'intermédiaires réduit entre producteur et consommateur – dans le cas niçois, en moyenne 0,81 intermédiaire ;
– une bonne qualité d'information dispensée sur la qualité et l'origine du produit.

En caractérisant l'offre de CCP niçois, ce travail identifie l'échelle régionale comme pertinente pour envisager une relocalisation alimentaire pour la ville. Cependant, mesurer l'autonomie alimentaire nécessiterait d'interroger la demande pour la confronter à l'offre potentielle, ce que ce travail n'aborde pas mais qui pourrait constituer une étape ultérieure.

La forte présence de produits transformés au sein du cluster 3 tels que la bière, le café ou le chocolat, reflète une certaine conception du CCP, qui se revendique d'une « transformation locale. » En effet, si l'étape et le lieu de transformation sont bien connus, le lieu de production n'est pas ou peu documenté. Dans ce cas, ce circuit ne peut être qualifié ni de « court » ni de « proximité, » dans la mesure où seule l'étape de transformation est réalisée « à proximité » et peut faire l'objet de précisions par le vendeur. À l'inverse, d'autres produits du cluster 3 ont un lieu de production formellement identifié, mais des étapes de transformation mal documentées : par exemple, la viande élevée dans un élevage identifié des Alpes de Haute Provence, dont on ne connaît pas le lieu d'abattage et le lieu de transformation (découpage, emballage). Dans ce cas-là, on ne peut pas non plus parler de « circuit » court et de proximité, puisque toutes les étapes du circuit ne sont pas connues. Le cluster 3 est donc caractérisé par l'association d'au moins une étape du circuit à un lieu spécifique. On propose ainsi le terme « d'étape courte et de proximité » pour qualifier le mode de distribution alternatif des produits du cluster 3.

## Conclusion

En réponse aux enjeux du système alimentaire contemporain mondialisé, le maintien des initiatives « par le bas » telles que les CCP s'inscrit dans un contexte d'émergence de dynamiques de relocalisation alimentaire. Ces modes de distribution alternatifs contribuent à rapprocher les espaces urbains de consommation de la réalité des enjeux socio-économiques, sanitaires et environnementaux liés à leur approvisionnement alimentaire. Le cas niçois illustre la diversité de formes de circuits qui coexistent sous la même étiquette de CCP. Si la définition qui en est souvent donnée, à titre d'exemple par l'ADEME (ADEME, 2017), tend à les caractériser par une proximité fonctionnelle (un intermédiaire maximum) et une proximité spatiale (certains auteurs fixent une limite de 100 km), ces curseurs sont variables dans la littérature, et d'autres critères sont proposés pour enrichir cette définition, par exemple le critère de proximité relationnelle. L'étude des CCP niçois dans leur déclinaison opérationnelle (et non pas institutionnelle ou scientifique) permet d'identifier trois formes principales de circuits, aux profils fonctionnels, relationnels et spatiaux différents. Le premier type de circuit est nommé « étape courte et de proximité » et reflète une proximité spatiale, fonc-tionnelle et relationnelle pour l'une des étapes du circuit (la transformation le plus souvent, et parfois la production). Ainsi, les produits qui transitent par le biais de ces circuits sont essentiellement transformés, impliquant plusieurs éléments composites de faible traçabilité, ou avec des étapes de transformation mal documentées.

Le second type de circuit identifié correspond à un « circuit de proximité » : il présente une proximité spatiale et fonctionnelle (limitation des distances parcourues et du nombre d'intermédiaires), mais ne peut être qualifié de « court » dans la mesure où la qualité d'information dispensée au consommateur est assez faible. Si la limitation des distances parcourues par les produits ne correspond pas toujours à une bonne connaissance du consommateur sur le produit, le maintien des exploitations agricoles à proximité des espaces de consommation favorise les liens entre producteur et consommateur en limitant le nombre d'intermédiaires. Les types de produits qui transitent par ces circuits de proximité sont assez représentatifs du patrimoine agricole régional : maraîchage, huiles, produits de l'olive, vins, mais également œufs, miels et produits laitiers.

Seul le troisième type de circuit peut être qualifié de « court et de proximité. » L'ensemble du circuit (production, transformation, vente) est réalisé dans un périmètre géographique restreint : dans le cas niçois, c'est un périmètre d'ordre régional qui est désigné dans 98 à 99 % des cas sous la terminologie de proximité, avec des distances parcourues variant entre 0 et 324 km. Le nombre d'intermédiaires entre producteur et consommateur est également réduit, avec une moyenne oscillant entre 0,81 et 0,98 intermédiaires. Enfin, le « CCP » correspond à une bonne qualité d'information dispensée au consommateur sur la qualité et l'origine du produit, gage de confiance pour le consommateur.

À travers l'exemple niçois, ce travail souligne la nécessité de questionner l'échelle pertinente d'étude des CCP. Centrale au sein des travaux menés en géographie quantitative sur la relocalisation alimentaire, la question de l'échelle spatiale des rapports entre bassins de production et de consommation ne peut être abordée que par le biais de bases de données intégrant la dimension réticulaire des circuits courts et de proximité, c'est-à-dire associant spatialement lieux de production, lieux de relais, et points de vente au sein desquels les denrées sont écoulées. Le cas niçois est typique d'un espace urbain où se concentre la demande alimentaire, dans un contexte où l'activité agricole est désormais peu représentée. L'étude des liens entre espaces de production et de consommation niçois corrobore l'idée d'un rapport entre réduction des distances parcourues par les produits et renforcement des liens producteur-consommateur. Ainsi, la mesure du potentiel d'approvisionnement en CCP de Nice ou la mise en œuvre d'une stratégie de relocalisation ne peuvent être envisagées que par mobilisation d'un bassin agroalimentaire élargi. Si ce travail n'a vocation à proposer une acception unique des terminologies de « local » ou de « proximité », il permet d'identifier pour le cas niçois le bassin régional comme périmètre vraisemblable de relocalisation de la production.

Enfin, cette réflexion sur les échelles géographiques du « local » s'inscrit dans la logique des mouvements de relocalisation de l'économie agroalimentaire tels que « Towns in transition » initié par Rob Hopkins (Mariolle, *et al.*, 2021). Dans la perspective de recherches ultérieures, l'analyse des dynamiques de relocalisation alimentaire ne peut se dispenser d'une approche prospective. Dans la continuité de ces premiers travaux, le champ de recherche géoprospectif constitue en ce sens une opportunité de construire des scénarios d'évolution des CCP niçois tenant compte de leur dimension spatiale.

Université Côte d'Azur / UMR 7300 ESPACE
98 bd. Édouard Herriot
06204 Nice
juliette.benedetti@etu.univ-cotedazur.fr
karine.emsellem@univ-cotedazur.fr
stephane.bouissou@univ-cotedazur.fr

# Bibliographie

ADEME. (2017), *Alimentation : les circuits courts de proximité,* Les avis de l'ADEME, 8 p.

Agreste. (2020), *Recensement agricole,* Ministère de l'agriculture et de la souveraineté alimentaire.

Baysse-Lainé, A. (2021), « Des liens alimentaires villes-campagnes en interterritorialité : le prisme des "circuits courts de longue distance" approvisionnant Paris et Montpellier », *Géographie, économie, société,* 23(4), p. 507-526.

Benedetti, J., Emsellem, K. et Bouissou, S. (2023), « D'ici ou de là-bas ? Diversité d'appréhension des proximités alimentaires à partir des points de vente niçois », *GéoProximités,* Volume 0.

Bermond, M., Guillemin, P. et Maréchal, G. (2019), « Quelle géographie des transitions agricoles en France ? Une approche exploratoire à partir de l'agriculture biologique et des circuits courts dans le recensement agricole 2010 », *Cahiers agricultures,* 28(16), p. 13.

Billion, C. (2017), « La gouvernance alimentaire territoriale au prisme de l'analyse de trois démarches en France », *Géocarrefour,* 91(4).

Bognon, S. (2017), « Vers la reterritorialisation du réseau d'approvisionnement alimentaire parisien ? Trois approches de la mobilisation des proximités », *Flux,* p. 118-128.

Brand, C. et Debru, J. (2017), *Approches théoriques utiles pour construire des politiques alimentaires urbaines durables,* Editions Quae, 216 p.

Brun, M. (2022), « Le glas de la globalisation ? », *Revue Projet,* 388(3), p. 29-32.

Callois, J.-M. (2022), « Des populations nourries par leurs territoires de proximité ? La pandémie Covid-19 révélatrice d'une révolution des circuits courts », *Population et Avenir,* 756(1), p. 14-16.

Chaffotte, L. et Chiffoleau, Y. (2007), *Vente directe et circuits courts : évaluations, définitions et typologie,* Montpellier, 130 p.

Chiffoleau, Y. (2008), *Chapitre 1. Les circuits courts de commercialisation en agriculture : diversité et enjeux pour le développement durable. Dans: Les circuits courts alimentaires.* Educagri, p. 19-30.

Chiffoleau, Y. et Prevost, B. (2012), « Les circuits courts, des innovations sociales pour une alimentation durable dans les territoires », *Norois,* Issue 224, p. 1-20.

Comber, L. et Brunsdon, C. (2020), *Geographical Data Science and Spatial Data Analysis. An introduction in R,* 336 p.

Consales, J.-N. et Bories, O. (2018), « Expériences d'agricultures urbaines et aménagement », *VertigO - la revue électronique en sciences de l'environnement,* Volume Hors-série 31.

Crosnier, M., Fleury, P. et Raynaud, E. (2022), « Transition des systèmes alimentaires dans les territoires : maintenir des liens aux lieux et articuler les échelles, du local à l'international », *Géocarrefour,* 96(3).

Deprez, S. (2017), « Les drives : une proximité renforcée ou réinventée ? Quand la distribution alimentaire connectée réécrit les territoires d'approvisionnement des consommateurs », *Flux,* 3-4(109-110), p. 102-117.

Douence, H. et Laplace-Treyture, D. (2018), « Penser l'agriculture dans le projet de territoire d'une ville moyenne : l'exemple de l'agglomération de Pau », *VertigO - la revue électronique en sciences de l'environnement,* Volume Hors-série 31.

Duboys De Labarre, M. et Lecoeur, J.-L. (2021), « Circuits courts, relocalisation et changement social : l'exemple d'un marché de producteurs dans la Drôme », *Innovations,* 64(1), p. 65-90.

Gatien-Tournat, A., Fortunel, F. et Noël, J. (2016), « Qualité et proximité dans l'approvisionnement de la restauration collective en Sarthe (France) : jeux d'acteurs entre volontés et réalités territoriales », *Annales de géographie,* 712(6), p. 666-691.

Grenier, C. (2019), « De la géographie de la mondialisation à la mondialisation géographique », *Annales de géographie,* 726(2), p. 58-80.

Guiomar, X. (2015), *Reterritorialisation et relocalisation,* 33 p.

Guiraud, N. (2019), « Le retour des ceintures maraîchères ? Une étude de la proximité géographique des AMAP en Bouches-du-Rhône (2006-2015) », *Géocarrefour,* 93(3).

Guiraud, N., Laperrière, V. et Rouchier, J. (2014), « Une géographie des circuits courts en région Provence-Alpes-Côte d'azur. État des lieux et potentialités de développement », *L'Espace géographique,* 43(4), p. 356-373.

Hedden, W. (1929), *How great cities are fed.* Boston: D.C. Heath and Company, 302 p.

Hérault-Fournier, C. (2013), « Est-on vraiment proche en vente directe- ? Typologie des consommateurs en fonction de la proximité perçue dans trois formes de vente : AMAP, Points de vente collectifs et Marchés », *Management et Avenir,* 64(6), p. 167-184.

Kayser, B. (1958), *Campagnes et villes de la Côte d'Azur.* Monaco: Editions du Rocher, 593 p.

Lenglet, J. (2018), « Réorganisation institutionnelle et recomposition territoriale de la filière forêt-bois française : exemples du Grand-Est et de la Franche-Comté », *Annales de géographie,* 271(3), p. 254-278.

Loudiyi, S., Margetic, C. et Dumat, C. (2022), « Pour des transitions alimentaires ancrées dans les territoires : nouvelles questions et perspectives de recherches », *Géocarrefour,* 96(3).

MacQueen, J. (1967), « Some methods for classification and analysis of multivariate observations », *Computer and Chemistry,* p. 257-272.

Mariolle, B. et Brès, A. (2021), *LOCAL : Le local au prisme de la transition écologique,* PUCA, 222 p.

Mundler, P. et Boulianne, M. (2022), « Relocaliser la production alimentaire ? Défis et obstacles d'une reterritorialisation. Le cas du bassin alimentaire de la région de Québec », *Géocarrefour*, 96(3).

Noel, J. et Le Grel, L. (2018), « L'activation des proximités dans les filières alimentaires relocalisées. L'exemple de deux organisations collectives territorialisées en Pays-de-la-Loire », *Revue de l'Organisation Responsable*, 13(1), p.29-41.

Novel, A.-S. (2019), « Des circuits courts à la carte », *DARD/DARD,* 2(2), p. 62-71.

OFPM. (2022), *Rapport au Parlement,* Observatoire de la formation des prix et des marges des produits alimentaires, 518 p.

Paturel, D. et Ndiaye, P. (2022), « Le droit à l'alimentation durable en démocratie », *Rhizome*, 82(1), p. 7-8.

Perrin, C., Soulard, C., Baysse-Lainé, A. et Hasnaoui Amri, N. (2018), *L'essor d'initiatives agricoles et alimentaires dans les villes françaises : mouvement marginal ou transition en cours ?,* Valencia, Desarrollo Territorial, 518 p.

Piet, L. *et al.* (2020), *Hétérogénéité, déterminants et trajectoires du revenu des agriculteurs français,* Rapport du projet Agr'income, Appel à Projet Recherche du ministere de l'agriculture et de l'alimentation, 100 p.

Poulot, M. (2014), « Agriculture et acteurs agricoles dans les mailles des territoires de gouvernance urbaine : nouvelle agriculture, nouveaux métiers ? », *Espaces et sociétés,* p. 13-30.

Praly, C. (2014), « Les circuits de proximité, cadre d'analyse de la relocalisation des circuits alimentaires », *Géographie, économie, société,* p. 455-478.

Rastoin, J.-L. (2015), « Les systèmes alimentaires territorialisés : le cadre conceptuel », *RESOLIS,* Volume 15, p. 11-13.

Rieutort, L. (2009), « Dynamiques rurales françaises et re-territorialisation de l'agriculture », *L'Information géographique,* 73(1), p. 30-48.

Stephens, R. (2021), « Un nouveau métier de l'alimentation. Le modèle de "la Ruche qui dit oui !" ou l'organisation d'un réseau de circuits courts numériques entre producteurs et consommateurs locaux », *Pour,* 239(1), p. 85-102.

Thorndike, R. (1953), « Who belongs in the family? », *Psychometrika,* p. 267-276.

Valette, E., Lepiller, O. et Bonomelli, V. (2022), « Des innovations à la transition des systèmes alimentaires : comment penser les conditions et les modalités de leur changement d'échelle ? », *Géocarrefour,* 96(3).

# Au nom de l'urgence et de l'expertise technique, (dé)limiter le politique. Reconstruction des routes et berges dans la vallée de la Roya post-tempête Alex

## In the name of emergency and technical expertise, limiting the scope of politics. Building back roads and riverbanks in the Roya valley after storm Alex

### Selin Le Visage

Maîtresse de conférences en géographie, Université Paris 8 Vincennes — Saint-Denis / UMR LADYSS.

**Résumé**  Le 2 octobre 2020, la tempête Alex a frappé de plein fouet les vallées de la Roya, de la Tinée et de la Vésubie dans les Alpes-Maritimes. En France, la reconstruction post-catastrophe a été moins étudiée que la prévention ou la gestion des risques malgré son rôle pour le développement du territoire, qui sera ici appréhendé dans sa dimension matérielle et relationnelle. En se focalisant sur les modalités de reconstructions des berges et des infrastructures de transport le long de la Roya, cet article interroge la façon dont certaines préférences sociales sont reproduites à travers les choix d'adaptation faits. Dans une perspective de géographie sociale et politique de l'environnement, il étudie les manières dont les acteurs de la gestion de crise et de la reconstruction délimitent les sujets qui peuvent (ou non) être débattus dans les processus de prise de décision. Il montre comment les temporalités de l'urgence permettent de circonscrire artificiellement ce qui serait de l'ordre du technique et du ressort du politique, désamorçant ainsi la conflictualité inhérente aux projets d'aménagement au profit d'une gouvernance efficace. L'article conclut sur une invitation à étudier les effets, pour l'environnement et la consultation du public, d'une nouvelle procédure d'urgence dite à caractère civil au vu des dérogations à un certain nombre de droits fondamentaux qu'elle permet – notamment si l'argument de « l'évidence de l'urgence » est étendu à des projets d'aménagement ou de transition écologique au-delà de la seule gestion des risques.

**Abstract**  *On 2 October 2020, storm Alex hit the Roya, Tinée and Vésubie valleys (Alpes-Maritimes, France). Post-disaster reconstruction has been less studied than risk prevention or management, despite its role in the development of the territory – the territory being here understood in the sense of the hydrosocial literature, both in its material and relational dimensions. By focusing on the reconstruction of the riverbanks and transport infrastructure along the Roya river, this article examines the way in which certain social preferences are reproduced through the adaptation choices made. This research is part of a social and political geography of the environment. It looks at the ways in which actors involved in crisis management and reconstruction define the issues that can (or cannot) be discussed in the decision-making process. It shows how the temporalities of the emergency make it possible to artificially circumscribe what would be of a technical nature and what may fall within the scope of politics, thereby disabling the conflict inherent*

*Ann. Géo., n° 754, 2023, pages 55-83, © Armand Colin*

*in development projects in favor of governance. The article concludes with an invitation to study the effects on the environment and public consultation of a new so-called civil emergency procedure, as it allows a number of fundamental rights to be waived – this will be all the more necessary if the argument of 'obvious urgency' is extended to development or ecological transition projects beyond risk management alone.*

**Mots-clefs**    résilience, reconstruction post-catastrophe, eau, infrastructures, inondation, technicisation, urgence et dépolitisation, relations État-société, territoire.

**Keywords**    *Resilience, post-disaster reconstruction, water, infrastructure, flood, technicization, emergency and depoliticization, state-society relations, territory.*

Le 2 octobre 2020, la tempête Alex a durement touché les Alpes-Maritimes. Les vallées de la Tinée, de la Vésubie et de la Roya ont été dévastées par un épisode méditerranéen exceptionnel. Cette catastrophe majeure est le résultat d'une conjonction rare de phénomènes météorologiques[1], qui a conduit à un nouveau record de précipitations pour la région avec un cumul de plus 600 millimètres en 24 heures mesuré localement[2]. L'évènement a été si intense que la réponse hydrologique a été importante malgré des sols secs en vallées. En ont résulté des crues-éclairs extrêmes, avec de graves dégâts non seulement en fond de vallée, mais aussi le long des affluents en vallons avec d'importants mouvements sédimentaires[3] :

> « Ce n'est pas juste l'eau qui a tout arraché. La montagne a littéralement dégueulé tout ce qu'elle avait. C'était des torrents de boue. Les arbres ont arraché les ponts. Toute la nuit, on entendait les blocs dévaler, des blocs qui tapaient et tapaient » (M., habitant du vallon de la Lavina à Breil-sur-Roya, juillet 2021).

Le bilan sur les trois vallées est lourd : dix morts, huit disparus, près de cinq cents bâtiments détruits ou très endommagés, des routes effondrées sur plus de cent kilomètres, plusieurs dizaines d'ouvrages d'art impactés, voire écroulés, soixante-dix communes classées en état de catastrophe naturelle. L'estimation des dégâts est de l'ordre du milliard d'euros. Dans la vallée de la Roya, à la frontière italienne, les effets de la catastrophe sont souvent comparés à ceux de la

---

1    En plus d'un important transport en air chaud et humide typique de l'épisode méditerranéen, les précipitations ont été assez loin dans l'arrière-pays. De plus, la circulation de perturbations de haute altitude, qui accélère normalement la réponse précipitante et met fin au phénomène, était éloignée : trois systèmes convectifs stationnaires se sont maintenus au-dessus des vallées, avec l'installation longue de l'épisode pluvieux (Météo France, conférence Cerema, déc.2021).

2    À titre indicatif, 460 millimètres avaient été enregistrés à Lorgues lors de la catastrophe de Draguignan en 2010.

3    Le Cerema a identifié plus de 500 glissements de terrain, de quelques centaines de mètres carrés à plusieurs dizaines de kilomètres carrés : i) des coulées dans des zones périphériques déstabilisées ayant alimenté les laves torrentielles, ii) des glissements au niveau des berges de rivière lorsque la crue a supprimé la bute de pied, pouvant entraîner sur le temps long une régression amont ou un déport de la rivière (Cerema, déc. 2021).

Seconde Guerre mondiale. Techniciens des collectivités comme représentants de différents services de l'État ont ainsi qualifié cet évènement extrême de « bombe climatique ».

À l'heure des changements globaux (pression sur les milieux, crise de la biodiversité, changement climatique), de nouveaux « mots-mana » ont émergé dans les sphères scientifiques et politiques, « boîtes noires dont la richesse de sens, l'indéfinition même, aurait pour principale fonction de mettre un peu de lubrifiant dans le compartimentage croissant des savoirs et des disciplines de l'esprit » (Marié, 2004 : 180). Parmi ceux-ci, la « résilience » s'est largement imposée pour répondre aux besoins de l'adaptation (Rode et al, 2022). Face aux catastrophes naturelles notamment, l'approche *build back better* (« reconstruire en mieux ») s'est généralisée parmi les praticiens de la gestion du risque, les décideurs politiques et les chercheurs (Fernandez et Ahmed, 2019). Ce qui est entendu par « mieux » fait toutefois débat : plus résistant (*stronger*), plus sûr (*safer*), plus durable (*greener*), plus juste (*fairer*), etc. (Kennedy *et al.*, 2008 ; Mabon, 2019 ; Pelling et Garschagen, 2019 ; Su et Le Dé, 2020 ; Cheek et Chmutina, 2021). Ces ambitions renvoient à différentes approches de la résilience, comprise comme la capacité à *résister* aux aléas dans une perspective technocentrique (Dauphiné et Provitolo, 2007 ; Rode, 2012), ou bien à anticiper les crises et à se relever socialement et économiquement dans une approche plus systémique (Reghezza-Zitt, 2013). Il ne s'agit pas ici de proposer un nouveau travail de définition : de riches travaux retracent déjà l'évolution des différentes acceptions de la résilience (Reghezza-Zit et Rufat, 2015 ; 2019 ; Bouisset *et al.*, 2018) et montrent dans quelle mesure ce mot-mana constitue aussi un outil réflexif pour penser les cindyniques dans leur complexité (Reghezza-Zitt, 2013). Cet article interroge plutôt la façon dont certaines préférences sociales sont reproduites à travers les choix d'adaptation faits (Pelling *et al.*, 2015)[4]. A. Nightingale (2020 : 344) souligne par exemple que « le concept d'adaptation glisse avec insistance vers les mesures technologiques, malgré la reconnaissance généralisée de leurs pièges [...]. Le changement véritablement transformateur – fondé sur le changement des systèmes de connaissances et l'ouverture d'un espace délibératif pour définir les futurs – ne parvient pas à s'imposer ». Entre ajustement de l'existant ou transformation plus radicale des modes de vie et des schémas d'aménagement, il s'agit d'étudier les manières dont les acteurs de la gestion de crise et de la reconstruction délimitent les sujets qui peuvent (ou non) être débattus dans les processus de prise de décision post-catastrophe.

Face à la généralisation de l'approche *build back better*, certains auteurs soulignent en effet l'importance non pas seulement de définir ce « mieux », mais de demander « qui décide de ce à quoi doit ressembler le mieux ? » (Tatham et Houghton, 2011 : 19). Dans la vallée de la Roya aussi, la « résilience » est

---

4    Un parallèle peut être fait avec les débats sur la « transition » (énergétique ou agricole) centrés sur l'enjeu de l'acceptabilité sociale des innovations technologiques, plutôt que sur la raison d'être des projets ou sur le modèle économique qui leur est sous-jacent (Arnauld de Sartre *et al.*, 2022).

apparue comme centrale dans le processus de reconstruction post-inondation, bien que renvoyant à des aspirations variées selon les acteurs. D'une part, différentes initiatives citoyennes ont vu le jour pour imaginer une « vallée verte », plus durable (*build back greener, fairer*). D'autre part, les décideurs impliqués dans la reconstruction – services de l'État (préfecture, DDTM, OFB[5], *etc.*) et collectivités (conseil départemental pour les routes, communauté d'agglomération pour la Gestion des Milieux Aquatiques et la Prévention des Inondations, ou GEMAPI) – se sont accordés sur une ambition commune de « reconstruire vite et mieux » (*stronger, safer*). Dans ce contexte, de nouveaux imaginaires territoriaux émergent-ils pour reconstruire autrement autour de l'eau ? La crise offre-t-elle une fenêtre d'opportunité pour un nouveau développement de la vallée (Moatty, 2020 ; Moatty, Grancher et Duvat, 2021) ? Quels acteurs parviennent (ou non) à légitimer leurs représentations du futur de la vallée de la Roya ? Dans quelle mesure la situation d'urgence favorise-t-elle les schémas d'aménagement existants ?

Si la difficulté à trouver un équilibre entre vitesse et délibération a déjà été soulevée dans différents contextes de reconstruction post-catastrophe (Crozier *et al.*, 2016 ; Moatty *et al.*, 2017 ; Platt et So, 2017), cet article pose l'hypothèse que l'urgence permet aussi de circonscrire artificiellement ce qui serait de l'ordre du technique et du ressort du politique. Pour reprendre les termes de T. Murray Li (2020), il s'agit d'interroger les modalités de gouvernement par une technicisation (*rendering technical*) de la résilience.

Dans un premier temps, l'article explique le choix fait de se concentrer sur la Roya – vallée frontalière dans l'arrière-pays maralpin, rurale et fragile sur le plan socio-économique, mais animée d'initiatives citoyennes nombreuses (et divergentes) pour la culture, l'environnement, la politique. Il montre ensuite la manière dont le caractère urgent de la reconstruction du réseau et des infrastructures de transport le long de la rivière a été construit comme une évidence au lendemain de la catastrophe. L'article présente les solutions techniques proposées pour reconstruire mieux tout en allant toujours plus vite, avant d'analyser la multiplicité des aspirations citoyennes post-tempête Alex et l'organisation de concertations sur l'avenir de la vallée. Sur la base de ces résultats, il s'agit enfin de revenir sur la délimitation des sujets qui semblent pouvoir être débattus (relèvement économique, initiatives culturelles, etc.). L'absence de « bonne solution » pour la reconstruction des infrastructures collectives de la vallée a permis de confiner les choix faits en matière d'aménagement à leur dimension technique, désamorçant par avance leur conflictualité pour privilégier une gouvernance lissée efficace dans les temps de l'urgence, les plaçant ainsi en partie hors du politique.

---

5    DDTM : Direction Départementale des Territoires et de la Mer ; OFB : Office français de la biodiversité.

# 1 La reconstruction de la Roya : nouveau motif de négociation

## 1.1 Approche de recherche : le territoire dans une perspective relationnelle

Il est possible d'étudier les liens entre risques d'inondation et développement territorial soit en se focalisant sur les interventions étatiques et politiques de planification et de régulation (Rode *et al.*, 2022), soit au prisme d'approches de recherche partant des initiatives citoyennes et de la participation des communautés locales (Gaillard *et al.*, 2010). Dans la recherche menée ici, une entrée par le territoire devait plutôt porter sur les rencontres et tensions entre ces différentes dynamiques, entre sphères publiques, privées et collectives, pour comprendre les préférences sociales et politiques reproduites à travers les choix techniques d'aménagement et d'adaptation aux risques, pendant la période dite de reconstruction. Celle-ci « inclut la reconstruction de logements, le remplacement permanent des infrastructures et bâtiments endommagés, la restauration totale de tous les services et la revitalisation de l'économie (Aysan et Davis, 1993) » (Moatty *et al.*, 2017 : 170). En France, la reconstruction post-catastrophe a fait l'objet de moins d'attention que la prévention ou la gestion des risques, alors qu'elle est centrale pour le développement territorial (*ibid.*).

Beaucoup d'études sur les temporalités de la reconstruction post-catastrophe et leur influence sur le développement territorial et sur l'implication des habitants dans ce processus se centrent, à juste titre, sur l'épineuse question du relogement des sinistrés (Kennedy *et al.*, 2008 ; Platt et So, 2016 ; Su et Le Dé, 2020). L'étude présentée dans cet article s'inscrivait toutefois dans un projet de recherche postdoctoral plus large sur les dynamiques post-inondations dans les vallées maralpines touchées par la tempête Alex, projet dont les deux objectifs étaient à la fois i) d'identifier les initiatives citoyennes prises après la catastrophe et ii) d'analyser les processus décisionnels concernant la reconstruction des infrastructures de transport et de confortement des berges. Ces deux entrées ont été étudiées conjointement sur le terrain, avec l'idée qu'une entrée par le territoire permettrait de regarder *comment* s'articulent différentes pratiques empiriques, qu'elles résultent soit de l'action normative de services de l'État, soit de modes d'action plus spontanés. Plutôt que de simplement les mettre en opposition, il s'agissait de comprendre les porosités entre ce que l'anthropologue T. Murray Li (2020) appelle « la pratique du politique » qui renvoie à « l'expression en mots ou en actes d'une contestation critique » et la « pratique du gouvernement » pour laquelle « l'amélioration prend une forme technique » et comprise comme la tentative d'ordonner ou d'institutionnaliser les initiatives bouillonnantes qui émergent de la pratique du politique par la société civile.

De même, dans une perspective de géographie sociale et politique de l'environnement, le territoire est ici compris dans une perspective relationnelle (Raffestin, 1980 ; Fall, 2007), comme un espace de négociation constamment refaçonné par les croisements et frottements entre politiques publiques d'aménagement et de développement et dynamiques collectives locales, formalisées ou non (Bassett et

Gautier, 2014 ; Le Visage, 2021). Cette perspective invite à décentrer le regard des seules relations des sociétés à leur environnement (sociétés alors souvent considérées comme des touts homogènes[6]) vers « la relation des hommes entre eux à propos de l'environnement » (Rodary, 2003 : 93 ; Blot et Besteiro, 2017 ; Laslaz, 2017), c'est-à-dire qu'il s'agit d'étudier autant les relations des individus et des collectifs *à* l'espace et *au* risque d'inondation que les rapports sociaux, jamais figés, *autour* de l'eau (Le Visage, 2020). La reconstruction de la Roya est donc apparue comme un nouveau motif de négociation, un objet transactionnel à partir duquel observer les rencontres entre différents acteurs dont les initiatives pouvaient parfois paraître contradictoires. L'objectif était d'observer quels acteurs parvenaient (ou non) à faire entendre leur voix en contexte de crise, quels imaginaires territoriaux étaient susceptibles de se matérialiser en fonction du positionnement social et politique des acteurs qui les portaient, par exemple selon s'ils étaient perçus comme des sinistrés « bénéficiaires » d'aides, des relais de la société civile plus ou moins légitimes au sein d'associations, des pétitionnaires de travaux et intermédiaires institutionnels en tant qu'élus, ou des détenteurs de savoirs techniques spécifiques au sein d'administrations publiques.

## 1.2 Choix et localisation du cas d'étude

Les conséquences de la tempête Alex sur les vallées de la Tinée, de la Vésubie et de la Roya ont rapidement fait l'objet d'études, notamment pour des retours d'expérience commandés par l'État (Zugasti, 2022). Celles-ci ont par exemple porté sur le modèle météorologique ayant permis une bonne anticipation de l'évènement (Chochon *et al.*, 2022), le lien entre tempête Alex et changement climatique (Ginesta *et al.*, 2023) ou l'estimation de débits de pointe et les transformations de l'hydrogéomorphologie des vallées (Chmiel *et al.*, 2022 ; Melun *et al.*, 2022 ; Payrastre *et al.*, 2022). Carrega et Michelot (2021) mettent en lien le caractère « hors-norme » de l'aléa et l'exposition des enjeux du fait d'une concentration des voies de communication et des populations en fonds de vallée, et ce à l'échelle des trois vallées touchées dans les Alpes-Maritimes. En revanche, peu de recherches portent sur les processus politiques moins visibles de la reconstruction post-tempête (Marchesini, 2023), pourtant révélateurs de ce qui « forme la souveraineté étatique ordinaire et du travail spécifique de l'État à ses confins » (Bargel, 2023).

   Le choix a été fait dans cette recherche de se concentrer sur le cas de la vallée de la Roya, et plus précisément sur la partie française de son bassin-versant qui comprend les cinq communes de Breil-sur-Roya, Fontan, Saorge, La Brigue et Tende. Une première spécificité de la vallée est son caractère frontalier avec l'Italie[7], qui en fait un corridor de circulation (Figure 1). La Roya prend sa source au col de Tende (1 870 m) et s'écoule vers le sud pour se jeter dans la

---

6    Gaillard (*et al.*, 2010) invite de même à sortir d'une « vision normative et technocratique des catastrophes où la "population" est considérée comme un groupe social homogène ».

7    La Brigue et Tende étaient italiennes jusqu'en 1947.

Méditerranée à Vintimille, en Italie. Au nord, la vallée est reliée au Piémont italien par le tunnel de Tende. Deuxièmement, à la différence des communes de la Tinée et de la Vésubie qui sont rattachées à la métropole de Nice, celles de la vallée de la Roya font partie de la Communauté d'Agglomération de la Riviera Française (CARF). Celle-ci englobe des espaces contrastés, entre littoral urbanisé autour de la ville de Menton et arrière-pays de montagne touché par la tempête Alex, et ne bénéficie pas des moyens techniques et financiers de la métropole niçoise pour la reconstruction post-catastrophe. La CARF était notamment responsable de travaux coûteux sur les berges pour la protection des personnes dans le cadre de la GEMAPI – c'est en revanche le département des Alpes-Maritimes qui était en charge de la reconstruction du réseau de routes. Troisièmement, la vallée connaît plusieurs défis sur le plan social (Jobert et Petrovic, 2022) : son solde naturel est négatif, 40 % de sa population avait plus de 60 ans en 2018, l'emploi se concentre sur le littoral... et une population néorurale « alternative » s'est aussi installée en vallée. D'un côté, la Roya est traversée de clivages sociaux et politiques forts, cristallisés autour de la question migratoire (Lendaro, 2018 ; Giliberti et Queirolo Palmas, 2020 ; Mazin, 2022). De l'autre, les initiatives citoyennes y sont nombreuses en comparaison des vallées de la Tinée et de la Vésubie, avec des associations culturelles, environnementales et économiques déjà très actives avant la tempête Alex et d'autres nouvellement créées après la catastrophe pour imaginer une nouvelle vallée « verte ».

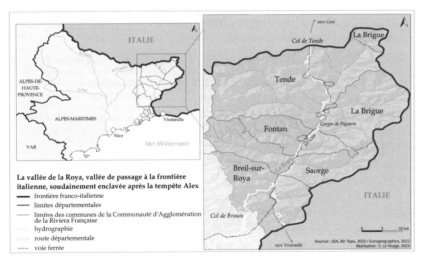

**Fig. 1**     Localisation de la vallée de la Roya.
         *Location of the Roya valley.*

Un groupe de huit étudiants a d'abord été encadré pendant un stage de terrain d'un mois en mai-juin 2021. Ce travail visait la réalisation d'une cartographie des initiatives citoyennes dans la Roya post-Alex (Maïa Expertise, 2021). Un travail de terrain a ensuite été mené par l'autrice en juin 2021, puis en mars 2022. Se rendre deux fois dans la vallée, respectivement 9 mois et 17 mois après la tempête Alex, a permis de mettre en évidence une évolution des enjeux jugés prioritaires sur place. Des groupes Facebook ont été très actifs au lendemain de la tempête, anciens ou nouvellement créés après la catastrophe (associations, mairies, collectifs d'habitants pour l'entraide, etc.) : les intégrer a permis de se tenir informée à distance de ce qu'il se passait entre les deux terrains, les changements étant rapides aux temps de l'urgence. À chaque séjour, il a été possible de loger chez des habitants mettant un étage ou une chambre de leur maison en location, la plupart des hébergements touristiques non emportés ou fragilisés par la crue étant occupés par les ouvriers mobilisés dans les différents chantiers. Le choix a été fait de loger une fois dans la Basse-Roya (à Breil-sur-Roya), une autre dans la Haute-Roya (à La Brigue). Dans le temps limité de l'enquête (1 mois en 2021, 3 semaines en 2022), cela a facilité les rencontres avec des acteurs de la vie économique locale et l'observation des manières de faire au quotidien dans une vallée devenue très difficile d'accès suite à la tempête. Une participation à un chantier bénévole de nettoyage lors du premier temps de terrain a aussi facilité la prise de contacts avec les membres de différentes associations locales. Enfin, sur place, des entretiens ouverts et semi-directifs ont été menés avec différents acteurs (Tableau 1).

## 2 Reconstruire « vite et mieux » ou « mieux, mais vite » : l'urgence et l'expertise technique

### 2.1 Vallée de passage, vallée enclavée : l'évidence de l'urgence ?

Les recherches sur les temps de reconstruction post-inondation se sont très souvent concentrées sur l'enjeu des habitations privées à protéger, reconstruire ou délocaliser. Néanmoins, dans le cas de vallées exposées à des risques torrentiels, la reconstruction d'infrastructures collectives pour la mobilité, souvent localisées le long des cours d'eau et donc endommagées lors de crues majeures, constitue un enjeu prioritaire. La tempête Alex a mis en évidence le risque d'isolement en cas de dépendance à un seul moyen de déplacement (Carrega et Michelot, 2021). La vallée de la Roya est souvent décrite comme un corridor de circulation nord-sud, avec *i*) une ligne ferroviaire reliant Cuneo à Nice et à Vintimille et *ii*) une route départementale, la RD 6204, située en fond de vallée le long de la Roya et empruntée par les habitants de la vallée comme par les Italiens souhaitant circuler entre le Piémont et la Ligurie (Figure 1). En octobre 2020, la tempête Alex a détruit cinquante kilomètres de routes avec plus de deux cents brèches, coupant les accès à la Roya via l'Italie au nord et au sud, et cette vallée de passage s'est soudainement retrouvée enclavée. Seule la route du col de Brouis permettait de la rejoindre via Breil-sur-Roya au sud, commune où s'est donc concentrée la logistique de la gestion de crise. Le haut de la vallée est resté inaccessible par la route pendant plusieurs mois, dépendant d'une liaison aérienne par hélicoptères,

**Tab. 1**    Entretiens (*n* = 51) en 2021 et 2022.

*Interviews in 2021 and 2022* (n = 51).

| Acteurs rencontrés | Nombre et durée | Période |
|---|---|---|
| *Membres ou représentants d'associations* | *n = 15* | |
| Emmaüs Roya | 2 (1 h 20 ; 1 h 05) | Juin 2021 Mars 2022 |
| Roya Expansion Nature (REN) | 4 (25 min à 3 h 10) | Juin 2021 Mars 2022 |
| Association de Pêche La Patraque de la Roya | 1 (1 h 40) | Juin 2021 |
| AMACCA de la Roya-Bévéra (Association pour le Maintien des Alternatives en matière de Culture et de Création Artistique) | 1 (45 min) | Juin 2021 |
| Comité de Soutien des Voies de Communication de la Vallée de la Roya (CSVCVR) | 2 (1 h 40 ; 1 h 30) | Juin 2021 Mars 2022 |
| Remontons la Roya | 2 (1 h 45 ; 1 h 10) | Juin 2021 Mars 2022 |
| Secours Populaire | 1 (45 min) | Juin 2021 |
| Mission Trekkeurs | 1 (1 h 20) | Juin 2021 |
| Save the River | 1 (35 min) | Juin 2021 |
| *Élus locaux et employés des collectivités* | *n = 11* | |
| Maire de Breil-sur-Roya | 2 (40 min ; 50 min) | Juin 2021 Mars 2022 |
| Maire de La Brigue | 2 (20 min ; 1 h 12) | Juin 2021 Mars 2022 |
| Maire de Fontan | 1 (25 min) | Mars 2022 |
| Adjoint de Breil à la sécurité | 1 (20 min) | Juin 2021 |
| SMIAGE (Syndicat mixte pour les inondations, l'aménagement et la gestion de l'eau) | 2 (35 min ; 2 h 10) | Juin 2021 Mars 2022 |
| Force 06 | 1 (25 min) | Juin 2021 |
| Mission reconstruction du département des Alpes-Maritimes | 1 (45 min) | Mars 2022 |
| Service Eau/GEMAPI à la CARF | 1 (1 h 15) | Mars 2022 |
| *Administrations et organismes publics* | *n = 5* | |
| Office français de biodiversité (OFB) | 3 (45 min ; 1 h 40 ; 3 h 40) | Juin 2021 Mars 2022 |
| Direction départementale des territoires et de la mer (DDTM) | 1 (1 h 10) | Mars 2022 |
| Cerema | 1 (40 min, en ligne) | Déc. 2021 |
| *Habitants et commerçants* | *n = 19* (20 min à 4 h 10) | |
| Tende | 4 | Juin 2021 Mars 2022 |
| La Brigue | 6 | |
| Fontan | 1 | |
| Saorge | 1 | |
| Breil-sur-Roya | 7 | |
| *Autre* | *n = 1* | |
| ESAT Le prieuré de Saint-Dalmas-de-Tende (projet hydrogène) | 1 (1 h 10) | Mars 2022 |

puis de la ligne ferroviaire[8]. Une fois rétablie, la circulation des voitures dans les gorges de Paganin n'a été possible que via un convoi unique à midi ou en dehors des heures de chantier (7 heures-17 h 30), et ce jusqu'à fin septembre 2021, soit près d'un an après la tempête Alex.

Dans ce contexte, l'urgence de la reconstruction de l'infrastructure routière, pour assurer la survie d'une vallée déjà fragile économiquement avant la tempête, a été constamment rappelée. La catastrophe a ainsi mis en suspens, quoique provisoirement, certains conflits ouverts dans la Roya autour du projet de dédoublement du tunnel de Tende, de la circulation des poids lourds sur la route départementale et plus largement du trafic routier important dans les traversées de village. La grande majorité des acteurs de la vallée rencontrés – élus, habitants, commerçants, membres d'associations – s'accordaient cette fois sur l'importance de reconstruire la route le plus vite possible pour éviter que des habitants ne continuent de quitter la vallée après la catastrophe. La plupart de ces mêmes acteurs relevaient aussi toutefois que cela impliquait, dans une vallée encaissée comme la Roya, de reconstruire la route au même endroit, le long de la rivière, et donc de l'exposer à de nouvelles crues majeures amenées selon eux à se répéter avec le changement climatique. Ce désarroi partagé des acteurs face à l'absence de « bonne solution » traduit une forme de réflexivité sur les changements globaux et la résilience de la vallée.

Des moyens importants ont été déployés pour cette rapide reconstruction, au-delà des dispositifs classiquement activés en état de catastrophe naturelle (Tableau 2). Pour éviter que la logique assurantielle de la dotation de solidarité, qui permet à l'État d'indemniser les collectivités pour les infrastructures non assurables, n'implique qu'une reconstruction à l'identique, une enveloppe complémentaire a été obtenue pour financer la dimension « résiliente » des ouvrages. Un comité d'évocation de la résilience « qui rassemble différents experts des services de l'État – le Cerema, l'OFB, le service RTM de l'Office national des forêts – ainsi que les partenaires des collectivités » était chargé depuis novembre 2021 d'examiner le caractère résilient des projets présentés par les collectivités, « notamment leur capacité à faire face et résister à d'éventuels nouveaux épisodes météo marqués » (X. Pelletier, préfet délégué à la reconstruction, TPBM presse, 21/02/2022).

Cette tension entre reconstruire « vite et mieux » ou « mieux, mais vite » était particulièrement visible dans la manière dont les services de l'État ont tenté d'orchestrer le processus de reconstruction dans la Roya. Le directeur adjoint de la DDTM 06, J. Porcher, expliquait que, passé le temps de la gestion de crise fin 2020, l'année 2021 avait été celle de la reconstruction durant laquelle l'enjeu avait autant été d'éviter le « retour à l'état 0 [pour] rendre le territoire

---

8  Le train semblait condamné, mais son utilité a été réaffirmée après la tempête, constituant alors l'unique alternative à la RD 6204 sur le haut de la vallée. En 2022, la cadence du trafic ferroviaire et la vitesse maximale possible pour les trains (40 km/h) restaient toutefois inadaptées pour se passer de voiture dans la vallée de la Roya. La gestion de crise a aussi réactivé la question du fret pour le transport de denrées.

**Tab. 2**      572 millions d'euros de l'État dédiés à la reconstruction des vallées.

*€572 million from the state earmarked for the reconstruction of the valleys.*

| Financement | Annonce | Modalités | Montant |
|---|---|---|---|
| Dotation de solidarité | 7 oct. 2020 | Plus de 1 400 opérations recensées suite au dépôt des demandes d'indemnisation par les collectivités territoriales[a] | 142,70 M€ |
| Fonds de prévention des risques naturels majeurs, dit « Fonds Barnier » | 7 oct. 2020 (50 M€ initialement) | Établissement public foncier (EPF) comme prestataire de service pour l'État (rachat/destruction des biens), logigramme établi par la DDTM | 120 M€ |
| Fonds reconstruction 06, « enveloppe exceptionnelle de contractualisation » | 7 oct. 2020 (100 M€), confirmé le 7 juin 2021 | Opérations résilientes ; projets de développement (agriculture, tourisme, etc.) ; mobilisation des acteurs | 150 M€ |
| Fonds de solidarité de l'Union européenne (FSUE) | 22 mars 2021 | Crédits à utiliser sous 18 mois : privilégier opérations en cours ou proches de l'être. | 59,30 M€ |
| Fonds de compensation de la TVA (FCTVA) | Conseil des ministres du 29 sept. 2021 | Collectivités territoriales non assujetties à la TVA | 100 M€ |

a. L'instruction de cette dotation a été menée par l'Inspection générale de l'administration et le conseil général de l'environnement et du développement durable (IGA-Cgedd), missionnée par le gouvernement au vu du nombre de demandes d'indemnisation formulées dans les trois vallées.

moins vulnérable » que d'aller vite pour « raccourcir le temps de retour à la normale » (conférence Cerema, décembre 2021). Lors d'une mission de retour d'expérience, des élus signalaient avoir déjà « une vision de l'aménagement adapté à leur territoire » et estimaient que « l'urgence n'était pas de réfléchir, mais de disposer des moyens financiers et administratifs pour reconstruire » (CGEDD-IGA, 2021 : 59) – le maire de Tende s'est par exemple régulièrement exprimé en ce sens.

Demeure ainsi une tension entre d'un côté la volonté des acteurs de l'État d'assurer une certaine forme de résilience (et celle d'associations de saisir une fenêtre d'opportunité pour reconstruire une vallée plus verte), de l'autre l'évidence de l'urgence quant à la « restauration des fonctionnalités du territoire, condition sine qua non au redéveloppement des activités » (Moatty, 2017 : 177) – urgence accrue, comme dans d'autres contextes post-catastrophe, par la pression politique des habitants et élus. Émerge ainsi une « confusion des échelles de temps » (*ibid.*) du fait d'objectifs différents à court terme (remise en état rapide) et à moyen et long terme (de l'ordre de la prospective, pour se protéger de la prochaine crue torrentielle).

## 2.2 La résilience au prisme des solutions techniques « innovantes »

Pour concilier ces temps de l'urgence et de la prospective, de la remise en état et de la résilience, les services de l'État ont retenu une logique d'accompagnement des collectivités sous la forme d'ateliers thématiques réunissant services de la préfecture (DDTM), organismes publics (RTM, OFB, etc.) et pétitionnaires des projets de reconstruction (maires, CARF, SMIAGE...). Les services de la préfecture via la DDTM ont ainsi sollicité différents organismes (IGN, RTM, OFB) pour un retour d'expérience rapide sur l'évènement, proposé des ateliers PAC après la communication le 31 mars 2021 d'un Porter À Connaissance rendant visible la nouvelle zone du risque pour aiguiller la prise de décisions quant à la réoccupation éventuelle des zones sinistrées (le lit de la Roya étant passé de 10 mètres à 100 mètres de large sur certains secteurs), ainsi que des ateliers GEMAPI et Barnier.

Le mot d'ordre de la reconstruction, pour les travaux sur la RD 6204 comme pour ceux de mise en sécurité des biens et personnes dans le cadre de la GEMAPI, était de « laisser le plus de place possible au lit majeur des rivières, de leur permettre de s'étendre, de dépenser leur énergie et de charrier ses matériaux, plutôt que de les contraindre et de générer des phénomènes d'accélération dans l'écoulement des eaux. En d'autres termes : la reconstruction se fera avec l'eau et ses exigences et pas contre l'eau » (X. Pelletier, *Le Moniteur*, mai 2021). Si le SMIAGE a chenalisé la Roya dans les traversées de villages pour une mise en sécurité au lendemain de la tempête, l'autorité gemapienne a ensuite expliqué ne pas recourir à des solutions d'endiguement (entretien à la CARF, mars 2022). L'appui des représentants de l'OFB sur le terrain a été primordial pour expliquer l'importance de ne pas curer le lit, d'éviter les phénomènes d'érosion régressive ou de laisser des zones de dissipation d'énergie et de dépôts de sédiments à l'amont des traversées de villages. Ils ont assuré *de facto* une double fonction d'accompagnement des pétitionnaires et de contrôle des travaux pour s'assurer du respect des réglementations. Ils estiment toutefois nécessaire que soit dressé un bilan final des impacts environnementaux dans la mesure où de mauvaises pratiques sur les chantiers ont été plusieurs fois signalées[9]. Les décisions d'aménagement prises par le responsable de la mission reconstruction du Conseil départemental étaient toutefois approuvées : « Je suis sur le terrain et vues les contraintes qu'il y a pour reconstruire la route, je peux dire qu'il a fait un super boulot. Non pas laisser de la place au cours d'eau, mais toujours laisser le plus de place possible. Il a tout compris » (service départemental de l'OFB, mars 2022).

---

9   Ainsi l'association Roya Expansion Nature condamne-t-elle la conduite des travaux dans le lit de la rivière au nord de Tende. La CARF est aussi intervenue auprès du Conseil départemental suite à des épisodes turbides dus aux travaux sur la RD 6204, qui auraient impacté l'alimentation d'une nappe approvisionnant le littoral (une autre explication à la baisse du niveau de la nappe repose sur la mise à nu de gypse et une circulation modifiée de l'eau après la tempête, Lanini *et al.*, 2022).

En raison de l'exposition des infrastructures collectives à de nouvelles crues majeures, la question d'éloigner la route du lit de la Roya a été régulièrement soulevée, que ce soit par les habitants rencontrés (entretiens, juin 2021) ou par les participants à une conférence du Cerema sur le post-tempête Alex (décembre 2021). À cette occasion, le responsable de la mission reconstruction pour le conseil départemental des Alpes Maritimes, expliquait : « on s'est rangé au principe de réalité ». Reconstruire au même endroit se justifiait selon lui au regard d'une double contrainte technique : *i*) un encaissement important de la vallée par endroits, comme dans les gorges de Paganin, *ii*) de très nombreuses brèches réparties sur l'ensemble du linéaire routier, et non pas concentrées sur un seul tronçon qui aurait pu être contourné et éloigné du lit de la rivière (tunnel, route plus haute, etc.). Le conseil départemental a donc comblé les brèches et consolidé les parois et berges sous la route, et ce tout en répondant aux attentes et besoins contraires des élus et habitants, à savoir reconstruire le plus vite possible pour désenclaver les villages, sans toutefois recourir au 3*8 façon à permettre un minimum de circulation en début et fin de journée (entretien à la mission reconstruction du conseil départemental, mars 2022).

Le préfet délégué à la reconstruction des vallées a aussi régulièrement mis en avant cette « absence de choix » qui aurait imposé des décisions techniques rationnelles :

> « Concernant les routes, les infrastructures, la résilience a aussi ses limites. Si je force le trait, je dirais qu'on ne peut pas mettre des tunnels partout. Il y a, d'une part, l'écueil du coût, et d'autre part, la question de la capacité technique au regard des données notamment géologiques et des exigences de maintien en fonctionnement en intégrant, par exemple, les référentiels de sécurité. En revanche, il faut envisager des routes moins exposées en mobilisant des techniques qui permettent d'avoir des ouvrages d'art qui résistent à la force de l'eau. À cet effet, les études sont très précieuses » (X. Pelletier, préfet délégué à la reconstruction, interview dans *Le Moniteur*, mai 2021).

La résilience était ainsi envisagée au prisme de solutions techniques, parfois présentées comme innovantes (Figure 2). À titre d'exemples, sept types de murs de soutènement ont été construits par le département et, pour éviter une emprise trop importante dans le lit de la rivière dans les portions étroites, de nouvelles techniques de paroi clouée en écailles ont été mises en avant, supposées aussi favoriser le drainage et limiter les émissions de $CO_2$ par rapport au béton projeté conventionnel (Fig. 2a). Les tabliers des nouveaux ponts ont été allongés de plusieurs dizaines de mètres de façon à en augmenter le gabarit hydraulique et des ouvrages d'un seul tenant sans pile centrale dans le lit de la rivière ont été favorisés pour éviter la formation d'embâcles en cas de crue (Fig. 2b). Enfin, des rectifications de tracés pour mieux suivre les méandres de la rivière ont été effectuées, *via* des opérations de minage pour faire sauter les verrous hydrauliques (Fig. 2c).

**Fig. 2a.**    Exemple de solutions techniques pour une route plus résistante face aux aléas : paroi clouée AD/OC® d'écailles en béton préfabriqué, réalisée par l'entreprise NGE Fondations (photo du compte twitter de l'entreprise, consulté le 22/04/2022).

*Example of technical solutions for a more hazard-resistant road : AD/OC® nailed wall of prefabricated concrete scales, made by the company NGE Fondations (photo from the company's twitter account, accessed on 22/04/2022).*

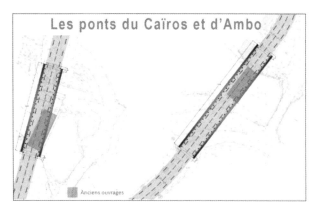

**Fig. 2b.**    Exemple de solutions techniques pour une route plus résistante face aux aléas : projets des ponts du Caïros et d'Ambo, avec des tabliers étendus de plusieurs dizaines de mètres (slide présentée par la mission reconstruction du conseil départemental à une conférence Cerema, déc. 2021)[a].

*Example of technical solutions for a more hazard-resistant road : projects for the Caïros and Ambo bridges, with decks extended by several dozen meters (slide presented by the departmental council's reconstruction mission at a Cerema conference, Dec. 2021).*

**Fig. 2c.** Exemple de solutions techniques pour une route plus résistante face aux aléas. Correction du virage de la route pour suivre le méandre et construction de murs en L préfabriqués pour protéger la route de la rivière (à gauche). Tir effectué en septembre 2021 pour supprimer un pan de falaise constituant un verrou hydraulique (à droite). Slides présentées par le conseil départemental (conférence Cerema, déc. 2021)[a].

*Example of technical solutions for a more hazard-resistant road.* Correcting the road bend to follow the meander and constructing precast L-walls to protect the road from the river (left). Shooting carried out in September 2021 to remove a cliff face constituting a hydraulic lock (right). Slides presented by the departmental council (Cerema conference, Dec. 2021).

L'année qui a suivi la tempête était donc celle d'une résilience comprise dans sa dimension matérielle, avec la reconstruction rapide d'infrastructures plus « résistantes » face à de nouvelles crues (*build back stronger*, Kennedy *et al.*, 2008 ; Su et Le Dé, 2020) :

> « Nous, les ouvrages que l'on a reconstruits, ils ne tomberont pas. En fin de compte, c'est plus que du centennal. [...] Tous les ouvrages, on les a fondés plus profondément, on les a faits plus costauds. Et même, ce dont on a la conviction, c'est que lors de la prochaine crue et lors de la prochaine tempête type Alex, qui arrivera dans dix ans, dans vingt ans ou dans cinquante ans peut-être, mais qui arrivera forcément, les ouvrages qu'on a construits, ils ne bougeront pas. Mais par contre ce seront ceux qui ont résisté à la première tempête qui deviendront les maillons faibles de demain. [...] On n'intervient qu'une fois. Quand on voit les difficultés, les conséquences que tout ça a eu, les conditions dans lesquelles il a fallu travailler, on ne peut pas se permettre que ça soit remis en jeu à la moindre crue » (entretien à la mission reconstruction du conseil départemental, mars 2022).

Les ateliers GEMAPI ont ainsi réuni les parties prenantes des chantiers de reconstruction le long de la rivière, chacune préservant ses compétences, tout en s'accordant sur les nouvelles contraintes socio-économiques et environnementales imposées par l'inondation. Un rapport Retex soulignait toutefois que « lors d'une prochaine crise », des réunions ouvertes à un plus grand nombre de participants permettraient un meilleur partage de l'information (CGEDD-IGA, 2021). Il s'agit ici plus largement de montrer dans quelle mesure la nécessité d'expertises techniques pointues, renforcée par les temporalités de l'urgence, peut venir lisser la dimension possiblement conflictuelle de l'aménagement, effaçant ou (dé)limitant sa dimension politique.

# 3    (Dé)limiter les sujets où une participation était attendue

« L'association REN avait dénoncé dans le cadre du SCOT ainsi qu'au TA et au Conseil d'État le grave manque d'entretien des soutènements de la route de la Roya ainsi que les conséquences probables des erreurs de conception et malfaçons des ouvrages réalisés au col de Tende, sans être entendue. La prise en compte des propositions des associations nécessite d'être désormais réelle, et la Préfecture doit y veiller. Enfin nous demandons que la reconstruction tienne compte l'apport de la société civile, en faisant appel à la Commission Nationale du Débat Public, en présentiel dans la vallée et en ligne » (extrait de la motion « La CNDP pour la reconstruction de la vallée de la Roya » publiée par l'association Roya Expansion Nature, le 18/11/2020).

## 3.1  Appuyer les initiatives locales pour le relèvement (économique) de la vallée

Après la catastrophe, les initiatives citoyennes ont été très nombreuses dans la vallée de la Roya (Figure 3). Un premier type d'actions a été mené au prisme de la gestion de crise, à l'initiative d'associations humanitaires nationales (Croix rouge, Secours populaire, *etc.*) ou d'associations locales intervenant pour une reconstruction rapide sur des terrains privés en y rétablissant des pistes et passerelles, des accès à l'eau ou en nettoyant les jardins et berges de rivière (Missions trekkeurs, Week-ends solidaires, Emmaüs Roya, Aide aux sinistrés). Un deuxième type d'initiatives visait à (re)faire du lien entre les acteurs de la vallée et à accompagner le montage de projets économiques « durables » (Remontons la Roya). Des journées de débat et des consultations ont aussi été organisées dès le premier semestre 2021 pour pallier à un manque d'informations sur ce qui était fait dans la vallée et pour faire remonter les souhaits des habitants (Emmaüs Roya, Remontons la Roya). Enfin, certaines associations déjà actives avant la tempête Alex ont poursuivi leur engagement pour l'environnement (Roya Expansion Nature – REN) ou le désenclavement de la vallée pour un maintien des activités des entreprises existantes (Comité de Soutien des Voies de Communication de la Vallée de la Roya). Le foisonnement de ces initiatives, convergentes ou non, témoigne d'une volonté claire de s'impliquer pour la reconstruction ou pour le relèvement de la vallée, à court et à moyen terme. Les premiers mois ayant suivi la tempête, habitants et associations ont parfois critiqué le manque d'informations transmises par les services de l'État et par les élus participant aux commissions coordonnées par la DDTM pour la reconstruction – à l'exception d'un nouveau maire à Breil-sur-Roya dont l'effort de communication après la tempête a été plébiscité dans la vallée, facilitant d'ailleurs son élection comme conseiller départemental en juin 2021[10].

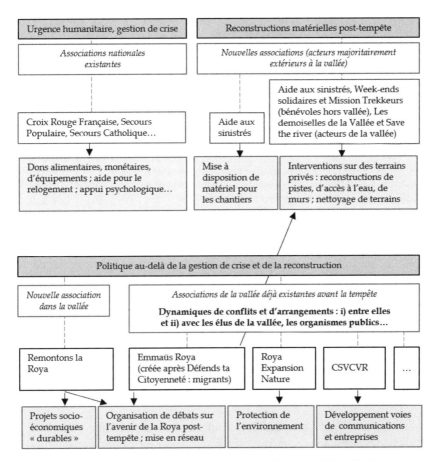

**Fig. 3**     Modalités d'implication d'associations pour/dans la vallée de la Roya.
*Involvement of local organizations for/in the Roya valley.*

Un long arbitrage entre les niveaux national et local a empêché l'organisation rapide d'une concertation citoyenne dans les trois vallées de la Tinée, de la Vésubie et de la Roya, malgré des échanges entre le préfet délégué à la reconstruction et l'Agence nationale de cohésion des territoires (ANCT) dès janvier-février 2021. C'est en janvier 2022, soit 16 mois après la tempête Alex, qu'une « concertation

---

10  C.-A. Ginésy, président du conseil départemental des Alpes-Maritimes et mentor du maire de Breil avec Éric Ciotti, déclarait : « Ce jeune tombe sur une difficulté majeure, la gestion de la tempête Alex qui donne un éclairage formidable à sa jeunesse, à sa réactivité. [...] C'est quelqu'un qui aime les gens. C'est un jeune plein de dynamisme, qui bouscule les choses et connaît bien le microcosme politique des Alpes-Maritimes » (France 3 Régions, le 28/06/2021).

citoyenne pour l'avenir des vallées » a été organisée par la préfecture avec le ministère de la Cohésion des territoires et des relations avec les collectivités territoriales et le ministère des relations avec le Parlement et de la participation citoyenne. Le dispositif mis en œuvre se déployait en trois temps : *i*) une participation en ligne via la plateforme numérique Purpoz pour le dépôt de projets, des réactions écrites à ces derniers et des votes en ligne, *ii*) des ateliers participatifs organisés avec les maires puis les habitants (cinquante habitants tirés au sort par vallée), *iii*) le financement de projets suivant les axes de développement établis suite à cette concertation avec une enveloppe dédiée de 50 M€, via une contractualisation entre l'État et les collectivités (Tableau 2).

Il convient de souligner le caractère inédit du dispositif mis en place, première concertation territorialisée portée par la délégation interministérielle de la transformation publique (DITP), qui n'avait organisé jusque-là que des concertations nationales. La participation a d'ailleurs été importante lors de la phase de la consultation en ligne, atteignant 10 % des effectifs des trois vallées. Les habitants de la Roya ont déposé la grande majorité des projets. Du point de vue thématique, différents axes de travail ont été proposés pour cette concertation lors des ateliers : habitats, commerces, santé et solidarités ; mobilités et déplacements ; patrimoine naturel ; attractivité économique du territoire, tourisme, agriculture. L'aménagement des territoires, qui relève des collectivités, n'y figure pas :

> « Il n'était pas question de demander aux habitants où est-ce qu'ils souhaitaient repositionner les routes. Ça, c'est un travail d'ingénieur. C'est un travail que l'on fait avec des spécialistes. Donc l'objectif, c'était de leur demander, à un moment où on sortait de la crise, où on était sur des perspectives de plus long terme, de leur demander comment ils envisageaient leur village, leur vallée, demain » (X. Pelletier, préfet délégué à la reconstruction, pour la radio locale Radio Tout Terrain, mars 2022).

Les rapports de la concertation soulignent toutefois que « les habitants attendent des formes plus participatives aux décisions et aux consultations »[11]. Reste que l'objectif annoncé était de (dé)limiter cette fenêtre de réflexion au dynamisme et à l'attractivité des vallées touchées par la tempête Alex, soit à leur redressement socio-économique. Les choix d'aménagement restent décrits comme des enjeux experts. Le seul savoir légitime à ce sujet est celui des ingénieurs, le pouvoir apparaissant ici « comme une force d'exécution en rapport avec le savoir » (Laslaz, 2017 ; Raffestin, 1980). Une plus grande participation des acteurs locaux ne doit pas nécessairement venir justifier un retrait de l'État pour une gestion du risque qui ne serait plus que « territoriale » ou « locale » (Pigeon, 2021), d'autant plus au vu des difficultés déjà évoquées à concilier les échelles de temps en tension de la remise en état et de la résilience (Moatty, 2017). Néanmoins,

---

11 https://www.alpes-maritimes.gouv.fr/Services-de-l-Etat/Prefecture-et-sous-prefectures/Mission-interministerielle-a-la-reconstruction-des-vallees/Reconstruction-des-vallees-sinistrees/Avenir-des-vallees-Resultats-de-la-concertation-citoyenne

les études sur la reconstruction post-catastrophe soulignent l'importance à la fois d'une connaissance fine des aléas, mais aussi d'un portage politique fort et d'une association des habitants dans la hiérarchisation des enjeux : protection des populations, restauration des fonctionnalités territoriales et niveau de risque que l'on est prêt à « accepter » (Crozier *et al.*, 2017).

### 3.2 Face à l'absence de « bonne solution », l'expertise technique pour suspendre le politique

Si la DDTM avait organisé des cellules d'urgence pour que les experts des administrations étatiques puissent aiguiller les collectivités au moment de la gestion de crise, certains acteurs ont rapidement dénoncé un manque de consultation dans ce processus :

> « Jusqu'à ce jour les réunions entre les représentants de l'État et les collectivités territoriales concernant le futur la Roya n'ont eu lieu qu'avec des élus, hormis les cas individuels. Aucun représentant des associations et collectifs n'est impliqué, ni même consulté. Certes, il s'agit de gérer l'urgence, mais c'est là, maintenant, que se dessinent les choix pour les décisions futures. Par exemple, il semble que le SMIAGE, on l'espère en concertation avec la DDTM, pilote les travaux de création de gués dans le fleuve et de façonnage des berges. Mais qui décidera de la nature des travaux définitifs ? Qui fera le choix des aménagements inclus dans le contrat territorial de 45 M€ signé avec le SMIAGE ? » (Lettre aux élus de la CARF par l'association REN, publiée en ligne le 01/01/2021).

D'autres acteurs soulignent au contraire le fait que l'urgence ne permet pas de délibération sur les sujets techniques et qu'il s'agit de respecter les compétences des différents acteurs :

> « Je sais qu'on a 5 000 ingénieurs dans la vallée, qu'il y a 5 000 habitants qui ont un avis sur tout, mais pour les infrastructures, il s'agissait de faire confiance aux experts » (S. Olharan, maire de Breil-sur-Roya, mars 2022).
>
> « La route ? Tout le monde rêvait d'une refonte de la vallée plus verte, plus alternative. Bon, c'était des conneries parce que les gros contrats étaient déjà passés avec les grosses entreprises, avec le département, la CARF. Tout était déjà joué [...] il y a eu les associatifs et les hippies locaux qui y ont cru 5 minutes, y'en a qui y croient encore [...]. C'est logique, fallait reconstruire vite et on n'allait pas faire des assemblées populaires pour [ça] » (L., Emmaüs Roya, association ayant organisé des ateliers d'intelligence collective sur d'autres sujets post-tempête, juin 2021).

Pourtant, tout en assumant le fait que la prise de décisions leur revenait, certains pétitionnaires admettaient qu'il y avait eu un défaut d'information : « Comme ça a été le cas avec les sinistrés et le fonds Barnier, on aurait aussi peut-être pu faire preuve de plus de pédagogie quant aux travaux qu'on a choisis de faire, de mieux tenir au courant les populations, qui n'ont pas toujours compris ce qu'on faisait » (CARF, mars 2022).

Par ailleurs, considérer que chaque aménagement n'a pas à faire l'objet d'une concertation en situation d'urgence n'efface pas pour autant les choix financiers et politiques faits, objets d'une importante communication ou au contraire invisibilisés. Par exemple, parmi les choix budgétaires régulièrement mis en avant figurent les 70 M€ déjà investis fin 2021 dans les infrastructures routières par le département (soit 5 M€ par mois ou 250 k€ par jour avant même la réalisation des ouvrages d'art) : « Dès le départ, le département avait dit "il ne faut pas que la question budgétaire soit un frein à l'avancée des travaux, à la rapidité d'exécution des travaux" » (G.C., mission reconstruction, mars 2022). À l'inverse, si le maintien du train dans la Roya faisait consensus, le financement limité de la ligne à la région et sa vocation future (mobilité quotidienne, touristique ou fret) n'ont pas été mis en avant de la même façon. En octobre 2021, malgré des dégâts estimés à 30 M€, les travaux de remise en état de la partie sud de la ligne n'avaient pas commencé[12].

Certains participants aux réunions techniques de la DDTM notaient combien les travaux initiés étaient issus de choix politiques distincts. Premièrement, plusieurs acteurs soulignaient les différences d'aménagement entre vallées. Dans la Vésubie, le désenclavement a été très rapide, mais le SMIAGE y a réalisé des protections par merlons chenalisant étroitement la rivière, entravant sa divagation. « Dans la Roya, le département s'est dit que c'était moderne si résilient donc l'objectif est que tout soit encore là et visible dans cent ans. La Roya s'en sortira sûrement bien au moment du bilan, quand on regardera le cumul des impacts. [...] Le problème, ce n'est pas les procédures, c'est les pétitionnaires » (OFB, mars 2022). Ces choix renvoient à des tensions politiques dépassant le cas de la reconstruction, du fait d'oppositions fortes dans les Alpes-Maritimes entre C. Estrosi d'un côté (à la métropole de Nice et ayant quitté Les Républicains (LR) en 2021 pour un rapprochement avec La République en Marche), et E. Ciotti de l'autre (originaire de Saint-Martin-Vésubie, député des Alpes-Maritimes et président des Républicains depuis 2022). Il est ainsi possible de comprendre le symbole politique de la reconstruction dans la vallée de la Tinée pour C. Estrosi, où des pistes ont été faites rapidement, ainsi que la communication importante faite sur les montants octroyés pour la reconstruction des routes dans la Roya : « face à Estrosi à la métropole, au département c'est Ginésy et donc Ciotti derrière. Ils ont sorti le chéquier » (employé au SMIAGE, mars 2022). En 2023, ces tensions se poursuivent (*Nice Matin*, 2023), révélant les contraintes politiques supralocales pouvant peser sur les choix d'aménagement locaux.

---

12 Faute d'accord trouvé à une échelle supralocale pour réviser une convention conclue en 1970 entre la France et l'Italie qui laissait à cette dernière les coûts d'exploitation et d'entretien de la ligne et qu'il s'agirait de revoir si le train devait effectivement être présenté comme stratégique pour le développement du territoire.

Deuxièmement, c'était le cas à un niveau local avec les maires de la vallée : « Les premiers choix techniques étaient des choix politiques. Par exemple, il y a celui qui voulait absolument qu'on intervienne dans la rivière pour refaire son terrain de pétanque, sauf que ça exposait les maisons en aval. Il a fallu démontrer aux maires que les choix techniques n'étaient pas les bons » (OFB, mars 2022). Localement aussi a été soulevé un défaut de communication avec les habitants de la Roya sur les choix techniques faits, pourtant liés à des perspectives d'aménagement plus larges :

« On a d'abord été dans une phase strictement technique, où on a dû imposer des choses. Maintenant, on va avancer sur de nouveaux projets, où il va pouvoir y avoir des études d'impact, des consultations [...]. Pour le tunnel de Paganin, on a déposé le dossier il y a une semaine, dix jours. On a fait le choix de le faire, parce qu'il y avait beaucoup de chutes de blocs etc., c'est une amélioration. Mais il fait 230 mètres. On s'était posé la question de faire un tunnel qui [coupe] toutes les gorges, donc qui ferait 4 km de Fontan à Saint-Dalmas, mais Paganin [...] c'était une zone extrêmement sinueuse et qui pénalisait les camions pour circuler. Si demain on supprime ça et que les camions ils passent facilement de Fontan à Saint-Dalmas, ça devient compliqué après d'interdire les camions. [...] C'est aussi pour ça que nous initialement le département, on avait dit que le tunnel de Fontan, il ne nous paraît pas opportun de le relancer. Maintenant, le maire de Fontan voudrait que ça soit réétudié, le Conseil départemental aussi. C'est toujours... Faire une grosse infrastructure comme ça, ça modifie en profondeur le microcosme. C'est pas toujours évident d'appréhender quels seront les effets indésirables » (G.C., mission reconstruction du conseil départemental, mars 2022).

La catastrophe a mis en suspens le conflit ouvert dans la Roya autour du trafic routier dans les traversées de villages. Celui-ci s'était cristallisé autour du projet de doublement du tunnel de Tende à la frontière italienne. Il a également été rendu visible par un arrêté commun d'interdiction des poids lourds supérieurs à 19 tonnes pris par les cinq maires de la vallée en 2017. Cet arrêté a fait l'objet de nombreux recours en justice par la préfecture des Alpes-Maritimes et les entreprises de transport, avant d'être finalement validé par le tribunal administratif de Nice le 18 février 2020. Dans ce contexte, l'exemple cité sur le projet de tunnel dans les gorges de Paganin, de 230 mètres plutôt que de 4 km, souligne combien les choix techniques ne sont pas neutres, avec des alliances politiques à plusieurs échelles pour leur réalisation.

Enfin, une discussion politique sur ce qu'impliquerait une transformation plus radicale des modes de vie n'est pas à l'agenda. La question du foncier suite à l'élargissement du lit de la Roya est identifiée comme un enjeu fort de négociation entre l'État et les collectivités, pour définir les éventuelles zones qui seront ouvertes, ou non, à l'urbanisation afin de relocaliser l'habitat, les équipements détruits et le foncier agricole.

« Si on ne reconstruit pas dans la rivière, il faudrait arriver à dire aux gens "si vous voulez une villa et le jardin, bah il faut pas venir habiter dans la Roya. Ici vous aurez une maison dans le vieux village avec des voisins, la rue avec des enfants qui jouent". Il faut réhabiliter l'ancien, pas essayer de faire des lotissements pour les jeunes qui s'installent, même les écolos avec jardin hein [...]. Ils font des nouvelles maisons toujours plus loin [...]. C'est ça qu'elle a montré aussi la tempête, cette vulnérabilité, ce mode de vie, et on n'en parle pas de ça » (C., Tende, juin 2021).

La disponibilité foncière est un enjeu clé des reconstructions post-catastrophe (Moatty, 2017), à la fois pour ne pas reconstruire sur les terrains exposés (fonds de vallée par exemple) et pour ne pas exposer les enjeux relocalisés à d'autres risques (mouvements de terrain dans les vallons). Si un objectif de résilience réinterroge nécessairement l'aménagement, inciter à vivre dans de l'habitat souvent très ancien comme proposé dans l'extrait ci-dessus n'est pas forcément évident à assumer politiquement quand la priorité des maires est d'éviter les départs de la vallée[13].

## 4  Procédures d'urgence : la vitesse... et la peur du contentieux

La procédure de déclaration d'intérêt général (DIG) au titre de l'urgence dans le cadre de la loi sur l'eau permet des travaux légers pour rétablir l'écoulement des eaux (enlever les embâcles, débris, déchets, atterrissements de sédiments, supprimer les ouvrages menaçant ruine, etc.). La catastrophe du 2 octobre 2020 appelait une intervention rapide plus conséquente. La nomenclature IOTA (Installations, Ouvrages, Travaux et Activités ayant une incidence sur l'eau et les milieux aquatiques – R.214-1 du code de l'environnement) identifie les types de projets soumis à une procédure de déclaration ou d'autorisation au titre de la loi sur l'eau, et beaucoup d'actions réalisées suite à la tempête Alex, telles que la consolidation ou la protection des berges sur plus de 200 mètres, auraient normalement été soumises à autorisation environnementale (titre III impacts sur le milieu aquatique ou sur la sécurité publique).

Une procédure d'urgence a donc été mise en place conformément à l'article R.214-44 du Code de l'environnement, de manière à ce que les travaux prévenant un « danger grave et imminent » soient entrepris sans être soumis à la demande d'autorisation à condition d'en informer le préfet. Jusqu'au 31 décembre 2021, les travaux ont ainsi été conduits sans avoir à réaliser de dossiers d'autorisation, d'études faune/flore sur quatre saisons ou d'enquêtes publiques :

---

13  L'enjeu de la revitalisation des centres urbains se pose là encore via une contractualisation entre l'État et les collectivités dans le cadre du programme « Petites villes de demain », pour lequel les communes de Tende et de Breil-sur-Roya ont été retenues.

« Avec la DREAL [Direction régionale de l'environnement, de l'aménagement et du logement], il a fallu faire une doctrine, parce que la procédure d'urgence au titre de la loi sur l'eau est appliquée de manière disparate en fonction des départements [...]. On a voulu aller plus loin que le code. Ce qui a été fait, c'est "OK, on fait les travaux. Mais on sait tout ce qui est fait et surtout, les services de l'État appuyés de l'OFB et du RTM disent si c'est OK ou pas OK" » (OFB, mars 2022).

Entre 200 et 300 porters à connaissance ont ainsi été instruits, en essayant de favoriser des échanges permanents entre porteurs de projets et RTM et OFB en appui de la DDTM dans la continuité des cellules d'appui aux collectivités mises en place après la catastrophe. Les réponses aux porters à connaissance ont été faites par mail, sans production d'acte administratif, prévenant tout contentieux à ce niveau.

« La concertation citoyenne début 2022, c'était une nécessité, parce que les retours qui ont été faits, c'est que la reconstruction se faisait sans les habitants. Dans l'entre-soi. [...]. Il y a des décisions qui ont été prises, de protection contre les inondations, de refaire les infrastructures routières et ferroviaires. Là que les habitants soient là ou pas, bon... Par contre, ce qui a manqué – je ne sais pas si vous avez vu l'association REN –, c'est la transparence » (ibid.).

L'association REN avait en effet compris que la procédure d'urgence n'empêchait pas de communiquer les décisions prises. Elle a donc demandé que lui soient transmis les porters à connaissance déposés, ce qui avait été refusé par la préfecture. C'est finalement en saisissant la Commission d'Accès aux Documents Administratifs (CADA) que l'association les a obtenus.

Passé le 31 décembre 2021, il devenait difficile de rester dans le cadre du danger « grave et imminent ». Retourner au cadre réglementaire classique aurait freiné la poursuite des travaux. Des discussions ont donc eu lieu pour que la reconstruction post-tempête Alex soit l'occasion de la première mise en œuvre en France d'une nouvelle procédure d'urgence à caractère civil (PUC). Celle-ci est permise par la loi 2020-1525 d'accélération et de simplification de l'action publique (dite loi ASAP), l'article 48 stipulant que les demandes d'autorisation environnementale peuvent être instruites dans de nouveaux délais raccourcis, fixés par décret en Conseil d'État. Les schémas d'aménagement gemapiens établis dans la Roya, résultats des échanges au sein des cellules techniques coordonnées par la DDTM après la tempête Alex puis votés en conseil communautaire, constitueront les projets sur lequel le préfet prendra la décision de procédure d'urgence à caractère civil, si déconcentration il y a du ministre de l'Intérieur aux préfets de département ou de région. Ces schémas regroupent donc l'ensemble des travaux réalisés dans le cadre de la GEMAPI post-tempête (confortement de berges, etc.). L'accélération de l'autorisation passe par i) une suppression de l'évaluation environnementale et ii) un remplacement de la consultation du public par une participation du public par voie électronique (PPVE) de 15 jours.

En mars 2022, certains porteurs de projet souhaitaient également faire rentrer les interventions routières dans cette procédure d'urgence à caractère civil. Dans cette hypothèse, se posait alors la question de la nécessité de séparer la procédure d'urgence à caractère civile à venir sur les schémas gemapiens d'une seconde éventuelle sur le routier :

> « Tout ce qui est gemapien, c'est pour protéger les personnes. Mais pour les routes, on verra quelle décision sera prise... Peut-être qu'ils diront que c'est urgent si on veut acheminer des secours » (SMIAGE, mars 2022).

> « Je pense que tous les schémas gemapiens, ça n'ira pas au contentieux. Par contre, pour ce qui est de l'infrastructure routière, ça risque... Ça risque ! S'ils font deux procédures administratives, si l'une est attaquée, l'autre tient, ça ne bloque pas les travaux » (OFB, mars 2022).

Il apparaissait donc que les procédures d'urgence successivement mises en œuvre dans les vallées touchées par la tempête Alex répondaient non seulement à la nécessité d'aller vite dans la reconstruction matérielle pour assurer un relèvement social et économique, qu'elles allégeaient de fait les conditions de consultations du public, mais qu'elles pouvaient aussi répondre à une certaine peur du contentieux de la part des associations environnementales sur la manière dont les travaux avaient été menés suite à la catastrophe.

## Conclusion : résilience(s), le technique pour (dé)limiter le politique

Le choc d'une catastrophe comme celle de la tempête Alex a révélé l'attention croissante accordée à une nécessaire adaptation face aux changements globaux. Les acteurs de la Roya se sont approprié l'idée selon laquelle il faut penser en termes de « résilience » pour se conformer aux nouvelles manières de « faire avec » l'eau. Cela fait écho au constat plus général d'une intégration croissante en France d'une injonction de l'adaptation : « il s'agirait de "vivre avec" la perspective d'inondations inévitables, récurrentes et de plus en plus violentes » (Rode *et al.*, 2022 : 46). Certaines recherches critiques interrogent ainsi la fenêtre d'opportunité (Moatty, 2020 ; Moatty *et al.*, 2021) offerte par la nécessité de s'adapter pour « reconstruire mieux » (Kennedy *et al.*, 2008 ; Su et Le Dé, 2020). L'influence réelle de la catastrophe sur les changements de pratiques non seulement matérielles en termes d'aménagement, mais aussi relationnelles entre acteurs (Raffestin, 1980 ; Bassett et Gautier, 2014 ; Le Visage, 2021), demeure incertaine. Dans le cas de la vallée de la Roya, la spécificité de son encaissement et son isolement soudain après la tempête limitent les « bonnes solutions » envisageables pour concilier désenclavement de la vallée et nouvelles manières de faire pouvant « inaugurer de nouveaux rapports entre l'aménagement et la nature » (Rode *et al.*, 2022 : 66). De plus, si les acteurs de la reconstruction de la vallée ont bien mis en avant la nécessité d'intégrer les populations, la manière et surtout le moment (Platt et So, 2017) de le faire dépendait grandement de ce qui était entendu par « résilience » (Reghezza-Zit, 2013 ; Reghezza-Zit et Rufat, 2019 ; Bouisset *et al.*, 2018).

Premièrement, lorsque la résilience est comprise au sens de relèvement social ou de redressement économique, une implication réelle des habitants est souvent encouragée, comme l'a montré l'organisation d'une concertation citoyenne ambitieuse dans les vallées de la Roya, de la Tinée et de la Vésubie en janvier 2022. La focale de ce dispositif sur les projets de développement montre une forme de responsabilisation des élus locaux et des habitants quant aux enjeux économiques de la résilience d'un territoire. En revanche et deuxièmement, lorsque la résilience est appréhendée au sens de la reconstruction matérielle – par exemple du réseau et des infrastructures de transport dans le cas étudié – et de la réduction de la vulnérabilité des biens et des personnes, elle est confinée à un enjeu expert (Murray Li, 2020). La technicisation des enjeux infrastructurels et d'aménagement permet de (dé)limiter ce qui peut, ou non, être discuté. Cette façon d'aborder la résilience (ou *résistance*) des infrastructures explique par ailleurs que la catastrophe engendrée par la tempête Alex, « bombe climatique » naturalisée, a consolidé l'autorité des experts dans les processus de prise de décisions (Nightingale *et al.*, 2020) et les ingénieurs en charge des travaux au conseil départemental ou au SMIAGE ont prouvé leur capacité à gérer des chantiers très complexes. Enfin et troisièmement, comme l'ont montré les exemples sur la ligne ferroviaire ou sur le foncier, le choc de la catastrophe n'a pas conduit à discuter d'une résilience au sens d'une « transformation plus ou moins radicale » des schémas d'aménagement ou des styles de vie (Pelling *et al.*, 2015). Étudiant les pratiques des forestiers à l'épreuve d'extrêmes climatiques, Banos et Deuffic (2020) soulignaient de même que « les catastrophes n'ont conduit ni à la révolution, ni au statu quo mais à une "bifurcation assistée" ».

Le cas de la Roya montre comment, quand il n'y a pas de « bonne solution » entre développement économique des territoires et enjeux socio-environnementaux, le technique évite d'assumer politiquement certaines décisions prises. Les initiatives bouillonnantes de la « pratique du politique » des acteurs locaux sont lissées au prétexte que « l'amélioration prend une forme technique » (Li, 2020) et au profit d'une gouvernance dépolitisée efficace. Dans un contexte où des compromis doivent nécessairement être recherchés entre temporalités de court terme et de long terme, entre objectifs divergents individuels et collectifs, il semble pourtant crucial d'envisager les éventuels conflits comme une entrée stimulante pour appréhender le façonnage du territoire (Bassett et Gautier, 2014 ; Laslaz, 2016), processus jamais achevé qui se poursuivra dans les relations entre acteurs bien après l'arrêt des travaux.

L'étude des catastrophes ne présente donc pas seulement un intérêt pour appréhender les vulnérabilités de sociétés prises comme des touts homogènes face aux risques à venir. L'intérêt est aussi d'interroger les trajectoires d'adaptation en cours au-delà de la seule temporalité de la crise pour repolitiser ces enjeux. On notera par exemple que sous la coordination de la DDTM, les employés d'organismes étatiques comme l'OFB ou le RTM ont réaffirmé leur rôle crucial auprès des élus, mais le contexte de crise met aussi en lumière le sous-dimensionnement structurel de leurs services et ainsi de réelles difficultés à venir pour leurs missions de suivis et de contrôle sur le terrain. Par ailleurs, l'urgence de la reconstruction a permis de justifier la première mise en œuvre d'un nouveau dispositif : la procédure d'urgence à caractère civil. Dans la mesure où celle-ci permettra de déroger à un certain nombre de droits fondamentaux (code de l'environnement, code l'urbanisme, code de la santé publique, code des collectivités territoriales, etc.), il y a un enjeu réel à étudier comment, au-delà de la seule gestion des risques, la facilitation des projets par allégement des procédures administratives – consultation du public comprise – ira ou non en pratique dans le sens de la transition écologique et de l'adaptation.

Université Paris 8
2 rue de la Liberté
93200 Saint-Denis
selin.le-visage@univ-paris8.fr

# Bibliographie

Arnauld de Sartre X., Auvet B., Chailleux S., Desvallées L., Fofack-Garcia R., Le Visage S. (2022), « Quand transition énergétique rime avec innovation technologique – Ouvrir la boîte noire de la modernisation écologique », *Développement Durable et Territoires*, appel à communications. En ligne : https://journals.openedition.org/developpementdurable/20480.

Banos V., Deuffic P. (2020), « Après la catastrophe, bifurquer ou persévérer ? Les forestiers à l'épreuve des événements climatiques extrêmes », *Nature, Sciences, Société*, 28 : 3-4, p. 226-238.

Bargel L. (à paraître), *Dans l'écheveau de la frontière : Alignements et réalignements des attachements politiques dans la Roya (XIX^e-XXI^e siècles)*, Karthala, Paris, 400 p.

Bassett T.J., Gautier D. (2014), « Territorialisation et pouvoir : la *Political Ecology* des territoires de conservation et de développement », *EchoGéo*, 29.

Blot F., Besteiro A. (2017), « Contribution de la géographie francophone à la *political ecology* : Deux études des relations sociétés/eaux souterraines dans l'Espagne semi-aride », *L'Espace géographique*, 46 : 3, p. 193-213.

Bouisset C., Clarimont S., Rebotier J. (2018), « Résilience et prévention des désastres. Retours d'expérience et perspectives de sciences sociales », *VertigO*, 30.

Carrega P., Michelot N. (2021), « Une catastrophe hors norme d'origine météorologique le 2 octobre 2020 dans les montagnes des Alpes-Maritimes », *Physio-Géo* : 16.

Cheek W., Chmutina K. (2021), « "Building Back Better" is Neoliberal Post-Disaster Reconstruction », *Disasters*.

Chmiel M., Godano M., Piantini M., Brigode P., Gimbert F., Bakker M., Courboulex F., Ampuero J.-P., Rivet D., Sladen A., Ambrois D., Chapuis M. (2022), « Brief communication: Seismological analysis of flood dynamics and hydrologically triggered earthquake swarms associated with Storm Alex », *Natural Hazards and Earth System Sciences*, 22 : p. 1541-1558.

Chochon R., Martin N., Lebourg T., Vidal M. (2022), « Analysis of Extreme Precipitation During the Mediterranean Event Associated with the Alex Storm in The Alpes-Maritimes: Atmospheric

Mechanisms and Resulting Rainfall », in *Advances in Hydroinformatics. Springer Water*, Springer, Singapore, p. 397-418.

Crozier D., Jouannic G., Tran Duc Minh C., Kolli Z., Matagne E., Arbizzi S. (2016), « Reconstruire un territoire moins vulnérable après une inondation », *Espace populations sociétés*, 3.

Dauphiné A., Provitolo D. (2007), « La résilience : un concept pour la gestion des risques », *Annales de géographie*, 654, p. 115-125.

Fall J.J. (2007), "Lost geographers: power games and the circulation of ideas within Francophone political geographies", *Progress in Human Geography*, 31 : 2, p. 195-216.

Fernandez G., Ahmed I. (2019), « "Build back better" approach to disaster recovery : Research trends since 2006 », *Progress in Disaster Science*, 1, p. 100003.

France 3 Régions. (2021), *Départementales 2021 : Qui est Sébastien Olharan, le jeune LR qui a stoppé le communisme dans le canton de Contes ?* En ligne : https://france3-regions.francetvinfo.fr/provence-alpes-cote-d-azur/alpes-maritimes/departementales-2021-qui-est-sebastien-olharan-le-jeune-lr-qui-a-stoppe-le-communisme-dans-le-canton-de-contes-2157556.html.

Gaillard J.-C., Wisner B., Benouar D., Cannon T., Créton-Cazanave L., Dekens J., Fordham M., Gilbert C., Hewitt K, Kelman I., Morin J., N'Diaye A., O'Keefe P., Oliver-Smith A., Quesada C., Revet S., Sudmeier-Rieux K., Texier P., Vallette C. (2010), « Alternatives pour une réduction durable des risques de catastrophe », *Human Geography*, 3 (1), p. 66-88.

Giliberti L., Queirolo Palmas L. (2020), « Solidarities in transit on the French–Italian Border: Ethnographic accounts from Ventimiglia and the Roya Valley », *Migration, Borders and Citizenship : Between Policy and Public Spheres*, p. 109-140.

Ginesta M., Yiou P., Messori G., Faranda D. (2023), « A methodology for attributing severe extratropical cyclones to climate change based on reanalysis data : the case study of storm Alex 2020 », *Climate Dynamics*, 61, p. 229-253.

Gourbesville P., Ghulami M. (2022), « Deterministic Modelling for Extreme Flood Events-Application to the storm Alex », Proceedings of the 39th IAHR World Congress, 19-24 June 2022, Granada, Spain, p. 6787-6795.

Jobert T., Petrovic M. (2022), *Évolution d'indicateurs sociaux et économiques pour les vallées de la Vésubie de la Roya durant les années antérieures à la tempête Alex*, Rapport du projet Syndemie, Nice, 29 p.

Kennedy J., Ashmore J., Babister E., Kelman I. (2008), « The Meaning of "Build Back Better": Evidence From Post-Tsunami Aceh and Sri Lanka », *Journal of Contingencies and Crisis Management*, 16 : 1, p. 24-36.

Lanini S., Ladouche B., Dewandel B., Ibba M., Bailly-Comte V., Genevier M. (2022), « Impact of the Alex storm on the exchanges between the Roya River and its alluvial aquifer », IAHS2022, mai 2022, Montpellier, France.

Laslaz L. (2017), « Jalons pour une géographie politique de l'environnement », *L'Espace politique. Revue en ligne de géographie politique et de géopolitique* : 32.

Le Moniteur. (2021), *Tempête Alex : « La reconstruction se fera avec l'eau et ses exigences et pas contre l'eau », Xavier Pelletier, préfet délégué chargé de la reconstruction dans les vallées*, 6 mai 2021. En ligne : https://www.lemoniteur.fr/article/alpes-maritimes-la-reconstruction-se-fera-avec-l-eau-et-ses-exigences-et-pas-contre-l-eau-xavier-pelletier-prefet-delegue-charge-de-la-reconstruction-dans-les-vallees.2143634.

Le Visage S. (2020), *« 1 000 gölet en 1 000 jours » : dynamiques hydro-territoriales et invention du consensus autour de petits barrages collinaires à Izmir, Turquie*, Thèse de doctorat, Université Paris Nanterre, 406 p.

Le Visage S. (2021), « Making small-dams work: everyday politics around irrigation cooperatives in Turkey », *European Journal of Turkish Studies*.

Lendaro A. (2018), « Désobéir en faveur des migrants : Répertoires d'action à la frontière franco-italienne », *Journal des anthropologues*, 152-153, p. 171-192.

Mabon L. (2019), « Enhancing post-disaster resilience by "building back greener": Evaluating the contribution of nature-based solutions to recovery planning in Futaba County, Fukushima Prefecture, Japan », *Landscape and Urban Planning*, 187, p. 105-118.

Maïa Expertise. (2021), *Diagnostic des initiatives de reconstruction par les parties civiles dans la vallée de la Roya*, Rapport de stage, Istom, 49 p.

Marchesini G. (2023), « Local planning responsibilities for disaster waste management (DWM): Building knowledge from storm Alex in the South Region of France », *Canadian Journal of Regional Science / Revue canadienne des sciences régionales*, 46 : 1, p. 66-76.

Marié M. (2004). « L'anthropologue et ses territoires », *Ethnologie française*, 34 : 1, p. 89-96.

Mazin H. (2022), *Épreuves de l'exil et solidarités de proximité : Ethnographie de l'accueil des exilés dans la vallée de la Roya (2017-2020)*, Thèse de doctorat, Université de Lyon, 428 p.

Melun G., Liébault F., Piton G., Chapuis M., Passy P., Martins C., Kuss D. (2022), « Crues exceptionnelles de la Vésubie et de la Roya (octobre 2020) : caractérisation hydrogéomorphologique et perspectives de gestion », IS Rivers, 4-8 juillet 2022, Lyon, France.

Moatty A. (2020), « Resilience and post-disaster recovery : A critical reassessment of anticipatory strategies, "build back better" and capacity building », *Disaster Prevention and Management*, 29 : 4, p. 515-521.

Moatty A., Grancher D., Duvat V. (2021), « Leverages and obstacles facing post-cyclone recovery in Saint-Martin, Caribbean: Between the "window of opportunity" and the "systemic risk"? », *International Journal of Disaster Risk Reduction*, 63, p. 102453.

Murray Li T. (2020), *Agir pour les autres : Gouvernementalité, développement et pratique politique*, Paris, Karthala Editions, 366 p.

Nice Matin. (2023), *Chantiers post-Alex à l'arrêt dans les vallées : le coup de pression d'Éric Ciotti et Charles-Ange Ginésy à Christian Estrosi*, le 19 juin 2023. En ligne : https://www.nicematin.com/politique/chantiers-post-alex-a-l-arret-dans-les-vallees-la-main-tendue-habile-d-eric-ciotti-a-christian-estrosi-855664.

Nightingale A.J., Eriksen S., Taylor M., Forsyth T., Pelling M., Newsham A., Boyd E., Brown K., Harvey B., Jones L., Bezner Kerr R., Mehta L., Naess L.O., Ockwell D., Scoones I., Tanner T., Whitfield S. (2020), « Beyond Technical Fixes: climate solutions and the great derangement », *Climate and Development*, 12 : 4, p. 343-352.

Payrastre O., Nicolle P., Bonnifait L., Brigode P., Astagneau P., *et al.* (2022), « Tempête Alex du 2 octobre 2020 dans les Alpes-Maritimes : une contribution de la communauté scientifique à l'estimation des débits de pointe des crues », *LHB Hydroscience Journal*, pp. 2082891.

Pelling M., Garschagen M. (2019), « Put equity first in climate adaptation », *Nature*, 569 : 7756, p. 327-329.

Pelling M., O'Brien K., Matyas D. (2015), « Adaptation and transformation », *Climatic Change*, 133 : 1, p. 113-127.

Pigeon P. (2021), « Permanences et spécificités des risques et de leur gestion à l'heure de l'anthropocène », in *Les risques et l'anthropocène. Regards alternatifs sur l'urgence environnementale*, ISTE, Londres, p. 109-129.

Platt S., So E. (2017), « Speed or deliberation: a comparison of post-disaster recovery in Japan, Turkey, and Chile », *Disasters*, 41 : 4, p. 696-727.

Raffestin C. (1980), *Pour une géographie du pouvoir*, Paris, Litec, 249 p.

Reghezza-Zitt M. (2013), « Utiliser la polysémie de la résilience pour comprendre les différentes approches du risque et leur possible articulation », *ÉchoGéo*, 24.

Reghezza-Zitt M., Rufat S. (2015), *Résiliences : Sociétés et territoires face à l'incertitude, aux risques et aux catastrophes*, Londres, ISTE Group, 227 p.

Reghezza-Zitt M., Rufat S. (2019), « Disentangling the range of responses to threats, hazards and disasters. Vulnerability, resilience and adaptation in question », *Cybergeo : European Journal of Geography*.

Rodary E. (2003), « Pour une géographie politique de l'environnement », *Écologie politique, 27* : 1, p. 91-111.

Rode S. (2012), « Le chêne ou le roseau : quelles stratégies de gestion du risque d'inondation en France ? », *Cybergeo : European Journal of Geography*.

Rode S., Ribas Palom A., Saurí D., Olcina Cantos J. (2022), « Adapter les territoires au risque d'inondation en France et en Espagne: vers de nouvelles pratiques d'aménagement des zones inondables ? », *Annales de géographie*, 743 : 1, p. 44-71.

Su Y., Le Dé L. (2020). « Whose views matter in post-disaster recovery? A case study of "build back better" in Tacloban City after Typhoon Haiyan », *International Journal of Disaster Risk Reduction*, 51, 101786.

Tatham P., Houghton L. (2011), « The wicked problem of humanitarian logistics and disaster relief aid », *Journal of Humanitarian Logistics and Supply Chain Management*, 1 : 1, p. 15-31.

Zugasti T. (2022), *Que pouvons-nous apprendre de la catastrophe de Saint-Martin-Vésubie ? Une approche historico-systémique*, Mémoire de Master 2, Université Paris Cité, 97 p.

# Quelle géographie des ressources à l'heure de la transition écologique ? Réflexion théorique à partir des « nouveaux » usages du bois

*Which resource geography to which transition?*
*Analytical insights from the "new" forest-based products*

**Vincent Banos**

Géographe, INRAE, UR ETTIS.

**Résumé**      Partant des débats actuels sur la bioéconomie, cet article propose une réflexion sur la notion de ressources en géographie. Son objectif est plus précisément d'ouvrir un dialogue entre le modèle éprouvé des ressources territoriales et les pistes proposées par la géographie critique des ressources. Bien que partageant la même conception relationnelle, ces deux courants de pensée ne possèdent en effet ni la même généalogie, ni les mêmes marqueurs et objectifs. Mais loin d'opposer ces approches, cet article souligne l'intérêt de les combiner pour appréhender des trajectoires de transition qui tendent à redéfinir, non sans ambiguïtés, les porosités entre développement territorial, logiques industrielles et processus biophysiques. L'exploration des nouveaux usages du bois dans le Sud-ouest de la France met ainsi en lumière le poids des héritages et des coordinations situées, mais aussi des contingences naturelles et des rapports de pouvoir dans la (re)valorisation de ressources locales qui relèvent, en définitive, autant de la spécificité territoriale que de la logique d'accumulation. Cette réflexion invite *in fine* à considérer que la géographie critique des ressources peut, par l'attention portée aux rouages matériels et politiques des usages industriels de la « nature », aider à mieux comprendre la recomposition des modèles productifs dominants et, ce faisant, contribuer à actualiser le modèle alternatif des ressources territoriales.

**Abstract**      *Exploring the current debates on bioeconomy and its diverging techno-political paths to sustainability, this article provides a theoretical discussion about the concept of resource in geography. Its aim is more precisely to initiate a dialogue between the French territorial lens and the "revived resource geography". Although understanding resource in relational terms as a potent social category, these two theoretical frameworks have neither the same genealogy, nor the same lens and objectives. However, this article argue that these two approaches are complementary to grasp the co-construction of place-based markets and natures. Monitoring the development of innovative wood-based products in Aquitaine region (southwestern France), this paper relates the importance of historical heritage and coordinating process, but also the importance of materialities and the power relations they convey. In doing so, it shows how the transformation of the local resources is as much a matter of territorial specificities as of the logic of accumulation. Finally, this article suggest that the "revived resource geography", by paying attention to the neoliberalization of nature and the political-economic materialities, could be fruitful to better understand incumbents' responses to transition processes and, therefore, to update our conception of an alternative territorial development.*

*Ann. Géo., n° 754, 2023, pages 84-107,* © *Armand Colin*

**Mots-clés**     transition écologique, ressources, matérialité, approche relationnelle, territoire, biomasse

**Keywords**     *sustainable transition, resources, materiality, relational approach, place, biomass*

Définie comme l'économie du vivant fondée sur les activités de production, transformation et recyclage de la biomasse, la bioéconomie est le dernier avatar d'une transition écologique devant permettre d'atteindre la neutralité carbone à l'horizon 2050 (Pahun *et al.*, 2018). Mais si la bioéconomie est désormais érigée au rang de stratégie nationale (ministère de l'Agriculture et de l'Alimentation, 2018), elle reste aussi une promesse ouvrant la voie à différentes manières d'articuler l'économie et l'environnement (Bugge *et al.*, 2016 ; Vivien *et al.*, 2019 ; Allain *et al*, 2022). Promue par l'OCDE et la commission européenne depuis les années 1990, la vision « bio-technologie » insiste ainsi sur l'économie de la connaissance et la force des marchés pour valoriser les ressources biologiques. Cette conception, à l'instar de la croissance verte et de la modernisation écologique, invite à faire rimer efficacité environnementale et compétitivité économique (Pahun *et al.*, 2018). À l'opposé, la vision « bio-écologie » privilégierait un modèle basé sur la durabilité des écosystèmes, la biodiversité et des produits de qualité associés à une identité territoriale (Benoît, 2021). Ce narratif s'appuie sur le concept de bioéconomie tel qu'il fut développé par l'économiste Georgescu-Roegen pour alerter sur le mythe de la technologie prométhéenne et les limites écologiques de la croissance (Vivien *et al.*, 2019 ; Allain *et al.*, 2022). Enfin, une trajectoire intermédiaire dite « bio-ressources » mettrait l'accent sur l'ancrage local de la biomasse tout en promouvant la démultiplication de ses usages dans une logique de substitution des ressources fossiles.

Révélateurs des ambiguïtés de la transition écologique, ces récits remettent la question des ressources « naturelles » sur le devant de la scène mais en proposent implicitement différentes acceptions. En l'occurrence, ils naviguent de la biomasse conçue comme gisement de compétitivité industrielle à la biomasse vue comme source de vie et de contraintes matérielles, en passant par la biomasse pensée comme héritage territorial, local et spécifique. « *Objet géographique pluriel* » (Redon *et al.*, 2015), la notion de ressources pourrait donc aider à mieux comprendre les porosités, tensions et synergies qui traversent la bioéconomie et, ce faisant, constituer une grille de lecture pertinente des trajectoires de transition. L'objectif de cet article est de contribuer à la réflexion en engageant le dialogue entre deux approches géographiques pour lesquelles la question des ressources, bien que différemment abordée, est centrale : l'approche des ressources territoriales, façonnée à la confluence des sciences régionales, de l'école des proximités et de la géographie économique (Kebir, 2006 ; Gumuchian et Pecqueur, 2007 ; Jeannerat et Crevoisier, 2022), et les pistes proposées par la géographie critique des ressources au croisement de l'économie politique, de la *political ecology* et du tournant matériel (Castree, 2003 ; Bakker et Bridge, 2006 ; Himley *et al.*, 2022). Ce dialogue semble d'autant plus opportun que les ressources territoriales, déjà érigées en levier du développement durable (Courlet et Pecqueur, 2013), tendent à devenir une clé de lecture privilégiée de la bioéconomie en France (Lenglet, 2020 ; Benoît, 2021 ; Callois, 2022). Or, si cette littérature a largement démontré l'importance des facteurs organisationnels et culturels dans la structuration des activités économiques, nous faisons l'hypothèse qu'elle gagnerait à prendre davantage en compte les matérialités de la « nature-processus » (Lespez et Dufour, 2021) et la manière dont les activités économiques les transforment ou « font avec ». Loin d'opposer approche territoriale et géographie critique des ressources, nous proposons ainsi de les réunir pour éclairer la bioéconomie « en train de se faire ».

D'un point de vue empirique, cette réflexion s'appuie sur le cas d'une biomasse forestière qui constitue la première source d'énergie renouvelable consommée en France et un levier attendu pour réduire l'empreinte carbone d'un secteur du bâtiment responsable de près de 25 % des gaz à effet de serre[1]. Devenue un secteur stratégique de la transition bas carbone[2] et un observatoire des ambiguïtés de la bioéconomie, la filière forêt-bois reste cependant moins étudiée que son pendant agricole (Lenglet, 2020 ; Banos et Flamand-Hubert, 2020). On propose ici de s'intéresser plus spécifiquement au développement du bois énergie et du bois construction dans les Landes de Gascogne. Symbole d'une transition forestière qui a vu les sylves françaises passer du paradigme préindustriel à celui de ressource industrielle au XIXᵉ siècle (Mather *et al.*, 1999), le modèle landais présente l'intérêt d'être tout à la fois une forêt cultivée et un patrimoine (Pottier, 2012), une filière ancrée au territoire (Lévy et Bergouignan, 2011), et un système industriel construit autour d'un invariant : le pin maritime (Mora et Banos, 2014). Basé sur une synthèse originale de recherches conduites ces dix dernières années (Banos et Dehez, 2017 ; Dehez et Banos, 2017 ; Banos *et al.*, 2022), notre matériau empirique est enrichi par de récentes enquêtes sur la filière bois-construction[3] (Sergent *et al.*, 2018 ; Saura, 2022).

La première partie présente de manière synthétique la théorie des ressources territoriales et la géographie critique des ressources, leur généalogie, leurs marqueurs et leurs objectifs respectifs. À partir de l'exemple des « nouveaux » usages du bois dans les Landes de Gascogne, nous montrons ensuite l'intérêt d'articuler ces deux cadres d'analyse pour saisir les tensions qui traversent la bioéconomie. Dépliant la transformation des souches du pin maritime en électricité « verte », la deuxième partie souligne ainsi les ambiguïtés d'un processus d'innovation, entre production d'une ressource territoriale, logique extractive et processus de captation industrielle. Questionnant les usages du pin maritime pour

---

1   https://www.ecologie.gouv.fr/construction-et-performance-environnementale-du-batiment.

2   https://agriculture.gouv.fr/transition-bas-carbone-le-gouvernement-place-la-filiere-bois-au-coeur-de-sa-strategie

3   Articulant analyse de documents et entretiens réalisés auprès de forestiers, d'industriels, de collectivités territoriales et de scientifiques (n = 34), ces enquêtes se sont déroulées en deux phases : la première dans le cadre du projet « La compétitivité des filières locales pour la construction bois » (Sergent *et al.*, 2018) financé par le ministère de l'Agriculture et de l'Alimentation, la seconde dans le cadre d'un stage de Master de l'EHESS sur « Les dispositifs sociotechniques de l'industrialisation du bois » (Saura, 2022).

la construction bois, la troisième partie illustre quant à elle le paradoxe d'une ressource déqualifiée bien que locale, et qui pourrait retrouver un second souffle à la faveur des marchés émergents. Nous concluons sur l'importance de réinvestir scientifiquement la question des usages industriels de la « nature » pour mieux appréhender la recomposition des modèles productifs dominants à l'heure de la transition écologique.

## 1    Les ressources, un concept en transition ?

Il serait tentant mais aussi réducteur d'opposer la théorie des ressources territoriales, majoritairement francophone, et la géographie critique des ressources, essentiellement anglophone, sur la base de leurs différences culturelle et linguistique. Tandis que la première s'inscrit dans un mouvement global d'intérêt pour les localités et le développement endogène (Benko, 2008), des géographes français tissent des liens avec la seconde (Deshaies et Mérenne-Shoumaker, 2014 ; Labussière et Nadai, 2018 ; Fontaine et Rocher, 2023). De plus, ces deux courants de pensées partagent le même héritage constructiviste basé sur l'hypothèse selon laquelle : « *resources are not ; they become* » (Zimmerman, 1951 ; de Gregori, 1987). En revanche, ils ne s'attaquent pas au même problème, ne regardent pas les mêmes variables, et ne poursuivent donc *a priori* pas le même objectif.

### 1.1  Apports et limites du modèle alternatif des ressources territoriales

Emergeant dans les années 1990, la notion de ressources territoriales s'élabore en contrepoint de la problématique classique d'allocation des ressources qui réduit ces dernières à des facteurs de production dont les espaces seraient plus ou moins dotés. La conception alternative défendue est que les ressources constituent un potentiel latent dont les propriétés et les qualités doivent être révélées et activées par des collectifs d'acteurs pour mener à bien une action et/ou pour créer de la richesse (Gumuchian et Pecqueur, 2007). Si on ajoute maintenant l'adjectif « territoriale », la ressource devient spécifique, c'est-à-dire non-commensurable et non-transférable, en opposition à une généricité typique de la production fordiste (Colletis et Pecqueur, 2005). Ces ressources territoriales ont également pour caractéristiques d'apparaître pour résoudre un problème inédit et de résulter d'une accumulation de mémoire. Autrement dit, si le milieu géographique interfère dans la construction des ressources territoriales, « c'est d'abord et avant tout au sens fort de lieu d'histoire et de culture » (Colletis et Pecqueur, 2018).

Supplantée par les dimensions organisationnelles et culturelles, la question de la nature affleure néanmoins dans certains travaux fondateurs. Définissant les ressources comme un processus de mise en relation d'un système « objet » et d'un système de production, Kebir et Crevoisier (2004) invitent ainsi à ne pas réduire l'objet à son statut de ressource : « Tout objet a son existence propre et ne peut en aucun cas être réduit à sa seule finalité économique. Avant de fournir une planche, un arbre est un arbre. Cette conception permet de prendre en compte la résistance et les limites que la nature impose à l'action humaine tout en considérant que la ressource est aussi un construit, en relation avec le système de production. » Si cette conception permet effectivement de sortir la ressource du seul cadre productif et marchand (Blot et Milian, 2004), la question des contraintes et possibles ouverts par la nature fut, en revanche, peu développée. L'approche territoriale a plutôt contribué à déporter le regard de la nature vers la culture, de la matière première vers la créativité en démontrant tout le potentiel de développement des contenus symboliques, identitaires et patrimoniaux : « *The dynamics of competition, traditionally based on (tangible) use value, increasingly revolve around the (intangible) sign value of products* » (Jeannerat et Crevoisier, 2022). L'objectif assumé est ainsi de proposer un cadre d'analyse à la fois robuste et normatif permettant de répondre aux défis posés par le passage d'un modèle fordiste d'accumulation, fondée sur les économies d'échelles et la standardisation des produits, à une logique postfordiste de construction des avantages comparatifs par la différenciation et la spécification des territoires[4]. En ce sens, la ressource territoriale est avant tout un composé de volonté, d'imagination créative et d'innovation au service d'un processus de développement (Colletis et Pecqueur, 2018).

La « renouvelabilité » constitue une autre propriété affirmée des ressources territoriales. Sans éluder les enjeux « d'érosion » et de « pénurie », il est ainsi considéré que « l'adaptation continuelle de la ressource, son maintien, dépend largement de la volonté et de la capacité des acteurs de se structurer afin de perpétuer la dynamique dans un environnement changeant » (Kebir, 2006). Plus précisément, le caractère *a priori* inépuisable de la ressource territoriale tiendrait à ses dimensions patrimoniales (François *et al.*, 2006 ; Janin *et al.*, 2015). La ressource territoriale est ainsi pensée comme un trait d'union entre le passé – les savoir-faire hérités et les coordinations réussies – et l'avenir – les coopérations mises en œuvre pour résoudre un problème, construire un projet de territoire. Cette dimension collective se nourrit également d'une meilleure prise en compte du rôle des consommateurs dans les processus d'innovation et donc d'un élargissement des parties prenantes. La ressource territoriale serait donc foncièrement inclusive et résulterait d'un processus de « valuation » articulant des valeurs techniques et marchandes mais aussi sociales et environnementales : « *Territorial value [...] is the valuation by society of all the resources preserved or built in the past, as well as their usefulness for the future, and reflects not only the assets themselves, but also their organization and functioning* » (Jeannerat et Crevoisier, 2022). Autrement dit, par l'implication d'une diversité de parties prenantes et l'adaptation aux spécificités locales, les ressources territoriales favoriseraient la constitution d'un portefeuille de valeurs à dominante soutenable (Lenglet, 2020).

---

4    À la différence de la spécialisation, qui induit une structure organisationnelle dominée par une activité industrielle ou un produit, la spécification signale l'existence de modes de coordination permettant une flexibilité dans l'usage des ressources et la capacité de faire émerger de nouvelles combinaisons pour répondre aux contraintes et opportunités économiques (Pecqueur, 2014).

Conçue comme « un gisement de compétitivité » (Pecqueur, 2014), la ressource territoriale contribuerait également, grâce à ses dimensions collectives et patrimoniales, à constituer les territoires en échelle pertinente pour l'émergence d'alternative écologique au modèle productif dominant (Tallandier et Pecqueur, 2018 ; Lenglet, 2020). Mais cette convergence supposée des dynamiques de territorialisation et d'écologisation pose aussi question dans la mesure où la ressource territoriale, d'une part ne dit pas grand-chose des rouages matériels de sa construction, et d'autre part fait dépendre son caractère *a priori* inépuisable d'une vision quelque peu irénique des dynamiques territoriales (Banos *et al.*, 2020 ; Lenglet, 2020). Tout en partant de la même approche relationnelle, la géographie critique des ressources propose une lecture à la fois plus politique et matérielle qui trouve son origine dans l'intérêt porté aux transformations de la nature par le capitalisme.

### 1.2  Le tournant matériel de la géographie critique des ressources

L'influence de l'économie politique et de la *political ecology* sur la géographie critique des ressources véhicule plusieurs principes fondateurs, *a priori*, assez éloignés de l'économie territoriale. Postulant que les sociétés et les territoires sont composés de groupes ayant des intérêts pluriels et souvent contradictoires, ce courant de pensée considère tout d'abord que les ressources, leurs définitions et leurs partages, sont structurés par des rapports de pouvoirs et de domination : « *One group's natural resource can be another's dispossession* » (Bridge, 2009). Une deuxième caractéristique corrélée est l'attention portée aux processus de néo-libéralisation de la nature et à la manière dont ces processus, frappés du sceau de la privatisation, de la marchandisation, de l'accumulation et de la financiarisation, façonnent nos relations à la nature et transforment la nature elle-même en s'étendant à de nombreux domaines du vivant (Castree, 2003 ; Bakker, 2005 ; Birch, 2019). Mais si l'idée dominante est celle d'une nature produite « de fond en comble » par le capitalisme, la dimension matérielle ne disparaît pas pour autant. Empreints d'un matérialisme historique centré sur les modes de production, leur organisation concrète et leur évolution, ces travaux restent en effet attentifs à la manière dont la nature est transformée *matériellement* par le travail et le capital. De plus, l'analyse des chaînes de valeur met en lumière la « résistance » d'une nature qui ne s'avère, ni inerte, ni totalement malléable : « *Seeking to overcome the red/green schism, a body of scholarship is now emerging that attempts to take seriously, what I call the materiality of nature. By that term, I mean both the ontological reality of those entities we term "natural" and the active role those entities play in making history and geography* » (Castree, 1995).

Socle du renouveau de la géographie critique des ressources, l'attention portée aux matérialités se nourrit des travaux menés de longue date dans les domaines de l'agriculture et la forêt. Ceux-ci rappellent que les propriétés physiques des ressources naturelles, leur hétérogénéité, leur variabilité saisonnière, leur inégale répartition spatiale et leurs interdépendances avec d'autres dynamiques biophysiques constituent autant de contraintes structurelles qui façonnent et limitent l'industrialisation de la nature (Boyd *et al.*, 2001 ; Goodman, 2001 ; Prudham, 2004). C'est aussi dans cette perspective que Bakker (2005) analyse les résistances de l'eau à sa marchandisation au Royaume-Uni : « *Failure to commodify water is, in large part, due to water's geography : a life-giving, continually circulating, scale-linking resource with biophysical, spatial, and sociocultural characteristics* ». S'inspirant des travaux de Mitchell (2013) sur les transformations politiques et économiques provoquées par le passage du charbon au pétrole, Birch et Calvert (2015) mettent quant à eux en exergue les défis posés par le passage du pétrole à la biomasse : « *Attempts to integrate bioenergy into prevailing infrastructures and institutions are likely to be problematic [...] because the materialities of bioenergy will disrupt existing energy systems as well as regional economies, land-use systems, and transport infrastructure.* » Mais si ces travaux donnent à voir comment la nature résiste, tempère, voire éco-régule le capitalisme (Prudham, 2004), ils relatent aussi les efforts déployés pour surmonter les contingences inhérentes à la nature et transformer celle-ci en force productive. Ainsi, tandis que Goodman (2001) montre, à travers l'exemple des semences, comment la nature peut passer d'un « verrou biologique » à un « véhicule d'accumulation », Kröger (2016) mobilise la notion de « *flex trees* » pour souligner que la diversification des usages du bois peut paradoxalement renforcer le recours à des monocultures industrielles. Prolongeant ces réflexions sur les paradoxes de la crise socio-écologique, Palmer (2020) propose l'idée de « *vegetal labor* » pour conceptualiser la mise au travail de la biomasse en remplacement des ressources fossiles (*dead labor*). Finalement, toutes ces recherches viennent enrichir la vision d'une « nature » source de friction et de perturbation en s'ouvrant aux idées de vitalité, de surprise et d'opportunité dans la production des ressources (Boyd *et al.*, 2001 ; Bridge, 2009 ; Birch, 2019).

En dépit de ces avancées, la géographie critique des ressources reste confrontée à deux défis majeurs. Le premier est de prendre au sérieux la vitalité de la nature, ses capacités d'agir et de peser sur les activités économiques sans raviver le dualisme moderne d'une nature séparée de l'existence humaine (Braun, 2008). Adopter une attention écologique à la matérialité sans oublier que les ressources sont culturellement construites et socialement produites s'apparente ainsi à une ligne de crête impliquant de penser les ressources comme « *the conjunction of the social and the material without the social swallowing the material* » (Knappett, 2007). Le second enjeu est de réussir à relever ce défi analytique alors même que le « retour » à la matérialité est d'abord un renouveau empirique guidé par le souci de donner à voir comment les propriétés de la matière, enchâssées dans des réseaux de technique et de nature contingents, émergent et se transforment (Neyrat, 2016). Parmi les pistes déployées pour réussir ce numéro d'équilibriste, la notion d'assemblage a reçu une attention particulière : « *What we call a resource is a provisional assemblage of heterogenous elements including material substances, technologies, discourses and practices* » (Li, 2014). Le premier intérêt d'une telle conception est de tenir compte du rôle actif des entités non humaines tout en considérant que cette contribution doit trouver à s'articuler à l'intentionnalité humaine et à d'autres éléments hétérogènes. Un deuxième intérêt de cette notion d'assemblage est qu'elle laisse ouvert le champ des possibles quant au degré d'autonomie accordée aux non-humains. Certains, à l'instar de Bridge et Bakker (2006), considèrent ainsi que ce pouvoir d'agir n'est pas intrinsèque mais dépend de la manière dont les éléments interagissent et s'entre-définissent. D'autres, dans le sillage de Bennett (2010), considèrent que la matière possède des dynamiques propres et des capacités préexistantes de composition et d'auto-organisation qui lui confèrent une plus grande capacité d'agir et de faire agir : « *Vital materialism explores materiality as immanent potential, a quivering effervercence comprising forces with trajectories, propensities and tendencies that endow matter with a vitality and a productive power beyond human intention* ». Malgré leurs différences, toutes ces approches convergent pour définir les ressources comme « *a temporary stabilisation at the nexus of political, economic and material relations that is always potentially subject to dissolution and challenge* » (Bridge, 2009). Cette déconstruction des choses qui semblent avoir une unité ou une forme de permanence et l'attention portée aux logiques d'émergence mais aussi aux mécanismes politiques et matériels qui permettent de les stabiliser constituent autant de passerelles entre le matérialisme historique des travaux fondateurs et les « nouvelles matérialités », marquées par les théories de l'acteur-réseau et plus généralement le poststructuralisme (Castree, 2002 ; Kirstch et Mitchel, 2004) : « *What is new is that objects are suddenly highlighted not only as being full-blown actors, but also as what explains the contrasted landscape we started with, the overarching powers of society, the huge asymmetries, the crushing exercise of power* » (Holifield, 2009).

En dépit d'écueils persistants, la géographie critique des ressources possède de nombreux atouts pour déplier les usages industriels de la « nature », leurs soubassements matériels et politiques. Articulée aux approches territoriales, elle offre un cadre fécond pour analyser une bioéconomie, qui comme le montre le cas de la filière forêt-bois, tend à accentuer les porosités et les ambiguïtés entre dynamiques territoriales, logiques industrielles et processus biophysiques.

## 2   Les souches, ressource territoriale ou logique d'accumulation ?

Représentant près de la moitié des 53 millions de m³ prélevés annuellement en forêt[5], le bois-énergie (BE) suscite de fortes controverses quant à ses conséquences sur les écosystèmes, les territoires et la filière forêt-bois. Dès les années 2000, cette dernière accuse les politiques de soutien au BE d'accentuer les concurrences d'usage, de fragiliser l'industrie locale et de mettre à mal le principe de la hiérarchie des usages qui, en théorie, donne la primauté à la valorisation du bois comme matériau, notamment en raison de sa meilleure efficacité carbone (Farcy

---

5   https://franceboisforet.fr/la-foret/le-bois-et-ses-usages/

*et al.*, 2013). C'est dans ce contexte qu'émerge, dans les Landes de Gascogne, le projet de valoriser une matière jusque-là inexploitée : les souches de pin maritime (Fig. 1). Si cette valorisation est une spécificité qu'on ne rencontre dans aucune autre région française, elle relève tout autant du registre de la ressource territoriale que de la stratégie d'accumulation et ses ressorts sont tout autant organisationnels que matériels (Dehez et Banos, 2017 ; Banos et Dehez, 2017).

### 2.1 Les rouages d'une ressource territoriale

Impulsée par l'État au début des années 2000, la promotion d'une électricité renouvelable produite à partir de biomasse constitue un problème inédit pour les industriels de la filière bois-papier landaise. Mais plutôt que de s'opposer frontalement à la transition énergétique, ces industries, et en particulier les papetiers, travaillent à réorienter les conditions de sa mise en œuvre pour transformer la menace en opportunité (Montouroy et Sergent, 2014). Pour ce faire, elles s'efforcent de montrer qu'elles sont les mieux placées pour accueillir les grandes infrastructures de valorisation énergétique de la biomasse : en réutilisant la chaleur produite, elles améliorent non seulement le rendement énergétique de la production d'électricité verte mais aussi l'empreinte carbone de leur propre process industriel. Soutenue à l'échelle européenne par les associations environnementales, cette promotion des technologies de cogénération (chaleur et électricité) se traduit aussi par de nouveaux partenariats avec les énergéticiens. Loin d'être neutres, ces collaborations contribuent à faire évoluer les papetiers vers le paradigme de la bioraffinerie[6], c'est-à-dire de l'industrie multi-produits censée tout à la fois satisfaire les impératifs environnementaux de l'économie circulaire et profiter au territoire d'accueil (Gobert, 2018).

Dans les Landes de Gascogne, le recours aux souches participe pleinement de ce processus de mutation industrielle. Selon ses promoteurs, cette innovation démontrerait la capacité des « vieilles » industries du territoire à être des moteurs d'une transition énergétique qui nécessite de mobiliser davantage de biomasse forestière tout en limitant le gaspillage d'une ressource naturelle productrice de valeur ajoutée. Pour défendre leur projet, les industriels aiment aussi à rappeler que les souches de pin maritime furent autrefois utilisées pour produire du charbon et de la poix au point de voir une Manufacture royale du goudron installée dans les Landes au XVIII^e siècle. Si cet ancrage historique est source de légitimité, plus importantes encore sont les expérimentations menées suite aux chocs pétroliers des années 1970. C'est à cette occasion que les souches, habituellement laissées sur place par les propriétaires forestiers, sont requalifiées « en déchet » et définies comme « une des ressources nouvelles, les plus massives » (Banos et Dehez, 2017). Portées par les papetiers et des industries de la chimie avec l'aide des coopératives forestières ou le soutien du pôle de compétitivité

---

6   En 2017, les usines de pâte à papier et d'autres industries du bois concentraient 43 % et 48 % du nombre et de la puissance totale des installations de production d'électricité renouvelable en France. https://cibe.fr/wp-content/uploads/2019/07/2020-04-28-Note-Anne-Laure-Cattelot-v3-Def-annexes.pdf.

local, ces études initient la constitution d'un savoir-faire collectif ainsi que le début d'une coordination (Dehez et Banos, 2017), même si elles mettent aussi en lumière des difficultés techniques et la réticence des propriétaires forestiers.

En dépit de leur pouvoir de coordination au sein de la filière landaise[7], les industries de la trituration sont aussi parfois accusées de maintenir des tarifs d'achat faible et ne pas optimiser la valorisation du pin maritime. Or, la transformation des souches en ressource se veut aussi une réponse à ces critiques. Tout d'abord, tandis que la vente des souches offrirait un revenu complémentaire aux propriétaires, le dessouchage réduirait les coûts de reboisement. Surtout, les souches sont présentées comme une ressource « non conflictuelle » permettant d'éviter d'une part le recours aux « vieux bois », ressources qui peinent désormais à trouver leurs marchés mais auxquelles les propriétaires et les usagers restent très attachés (Hemeline et Lavarde, 2018), et d'autre part le développement de cultures énergétiques dédiées (Ex : Eucalyptus) qui modifieraient profondément le profil de la forêt landaise. La valorisation des souches constituerait donc une sorte de compromis territorial permettant de répondre aux enjeux de la transition énergétique tout en préservant la diversité des usages existants, l'emploi et l'attractivité du territoire. Cette forme de valuation territoriale reçoit également l'assentiment des associations environnementales qui, bien que méfiantes, préfèrent cette solution à l'exploitation d'autres rémanents (aiguilles de pin) et à l'introduction d'itinéraires sylvicoles à très courtes rotations (Banos et Dehez, 2017).

En transformant les souches en ressources, les industriels landais ont ainsi cherché à démontrer que, « contrairement aux opérateurs qui viennent avec le seul objectif de brûler du bois », ils pouvaient innover et se projeter dans l'avenir tout en protégeant les équilibres collectifs et l'identité forestière du territoire (Rouffignac *et al.*, 2022). Dans cette dynamique d'innovation où s'entremêlent stratégie patrimoniale et mutation industrielle, les souches se parent de nombreuses vertus territoriales. Mais elles montrent aussi que la rhétorique territoriale peut *in fine* conduire à légitimer un processus extractif qui emprunte fortement aux logiques de l'économie fossile. Cette lecture territoriale laisse aussi quelque peu dans l'ombre le rôle des dynamiques biophysiques et de leur instrumentalisation politique.

### 2.2  Des tempêtes au fomes : les acteurs inattendus d'un processus de captation

Dans la petite histoire de la transformation des souches en énergie verte, les tempêtes (1999 et 2009) ne furent pas seulement « un contexte » ou « un problème » devant être résolu. Elles ont joué un rôle essentiel, pour ne pas

---

7   Consommant d'importantes quantités de petits bois, les industries de la trituration (panneaux, papier) offrent des débouchés conséquents aux scieurs et aux sylviculteurs, tout en leur permettant d'écouler des « déchets » (branches et petits bois issus des coupes d'éclaircies, connexes de scieries...) dont le coût de traitement est important (Montouroy et Sergent, 2014).

(Source : Deuffic, 2011)

**Fig. 1**    Les souches de pin maritime, entre spécificité territoriale et logique d'accumulation.

*Maritime pine stumps, between territorial resource and accumulation strategy.*

dire décisif, tant d'un point de vue discursif que matériel. D'un point de vue discursif, elles ont été traduites en menace existentielle d'un « trou de production à venir », et ce faisant étaient utilisées pour écarter de la forêt landaise tout projet BE autre que ceux portés par les industries de la filière (Banos et Dehez, 2017). Équipées de chiffres chocs (50 % du capital sur pied détruit en 10 ans), ces catastrophes ont plus largement permis de réaligner les acteurs du territoire autour de l'impérieuse nécessité de dynamiser la gestion sylvicole, pour l'adapter au changement climatique, et d'explorer de nouvelles ressources, pour sécuriser les approvisionnements du tissu industriel local et, ce faisant, répondre aux enjeux de l'atténuation (Banos *et al.*, 2022). Autrement dit, elles ont activement participé à dépolitiser les débats ou, plus exactement, permis de transformer un problème politique (ex : allouer et partager les ressources) en un problème technique (ex : trouver de nouvelles ressources). D'un point de vue matériel, les tempêtes ont également joué un rôle important à deux moments clés de la mise en ressource des souches. Tandis que la tempête de 1999 a servi de laboratoire pour optimiser les techniques d'extraction et la chaîne logistique, la tempête de 2009 a permis d'enclencher la mise en marché des souches sur le mode du service rendu aux propriétaires. En dessouchant les arbres, ces événements extrêmes ont en effet rendu accessible un gisement habituellement enfoui, et permis de transformer les souches en « problèmes » pour des propriétaires obligés de les sortir pour reboiser leurs parcelles (Banos et Dehez, 2017). S'il serait hasardeux de réduire le processus d'innovation à de telles contingences, il serait tout aussi dommageable de minimiser leurs influences. Et ce d'autant plus que ce ne fut pas le seul facteur matériel.

Le deuxième élément naturel dont la capacité d'agir et de faire agir a joué un rôle est le Fomes (*Heterobasidion annosum*) ; un champignon racinaire qui provoque des mortalités d'arbres. Pour freiner la propagation de ce parasite dans le massif landais, des études préconisent de ne plus enfouir les souches, ni même de les laisser sur place, mais de les extraire et de les broyer (Lung-Escarmant, 2002). Justifiées pour des raisons phytosanitaires, ces recommandations contribuent donc à déqualifier les pratiques « usuelles » des propriétaires et ce, d'autant plus qu'elles viennent s'ajouter à d'autres recherches qui déconseillent le brûlage des souches sur place (coût écologique) et leur déchiquetage complet (coût économique). D'un point de vue technique et matériel, les mesures promues (extraction, regroupement et évacuation des souches) facilitent l'approvisionnement des chaudières cogénération (Banos et Dehez, 2017). D'un point de vue cognitif, la lutte contre le *Fomes* permet de convaincre les propriétaires et de pérenniser le marché des souches au-delà des tempêtes. Près de 70 % des propriétaires landais se disent désormais prêts à extraire les souches pour en faire de l'énergie « verte », malgré des incertitudes persistantes quant aux conséquences environnementales de cette pratique (Brahic et Deuffic, 2017).

Enfin, le sable a également eu son mot à dire. Conjugué au sol plan des Landes, le sable simplifie le dessouchage et limite les risques d'érosion associés. Ces caractéristiques pédologiques sont une des raisons avancées pour justifier une pratique qui, bien qu'autorisée dans certains pays (Suède, Finlande, certaines provinces du Canada...), est unique en France. Mais si le sable facilite l'extraction des souches, il devient une contrainte pour transformer cette matière en produit : « Le plus embêtant, c'était le sable : ça « piquait » le papier et vitrifiait les vieilles chaudières industrielles à grille » (Industriel, 2010). Posé dès la fin des années 1970, ce constat contribue à mettre en sommeil le projet jusqu'à ce que les industriels landais découvrent, au début des années 2000, que leurs homologues finlandais utilisent des chaudières « à lit fluidisé » pour valoriser leurs souches d'épicéa. Appliquée dès les années 1920 à la gazéification des matières organiques cette technologie présente l'avantage d'admettre toute sorte de combustibles, même les plus grossiers et les moins raffinés. En s'équipant à leur tour grâce au soutien de l'État, les papetiers apportent non seulement une réponse aux problèmes posés par la composition des souches mais se positionnent également comme les seuls, au sein du territoire landais, à pouvoir utiliser ces ressources.

Le cas de la valorisation énergétique des souches démontre tout l'intérêt de concilier approche territoriale et géographie critique des ressources. Cette combinaison permet de souligner l'ambiguïté d'un processus de mise en ressource qui repose tout à la fois sur des savoir-faire hérités, la coordination d'acteurs historiques et la construction d'un compromis territorial mais aussi des asymétries de pouvoirs, un processus de captation industrielle et des stratégies d'accumulation auxquels les facteurs environnementaux ont apporté leur concours, tant d'un point de vue matériel que politique. Cette grille d'analyse se révèle également pertinente dans le cas du bois construction, même si le processus de mise en ressource du pin maritime relève ici davantage du paradoxe. Déqualifiée pour cet usage construction, la ressource locale tend en effet à être réhabilitée par l'émergence de produits et systèmes constructifs standardisés.

## 3 Le pin maritime à l'épreuve du bois construction

Évoquant le bois massif et les belles charpentes d'antan, le bois construction fait traditionnellement partie des usages « nobles » et constitue une destination privilégiée du bois d'œuvre (BO) issu de la grume des arbres. La construction constituerait donc *a priori* le secteur d'activité le plus éloigné de la logique des marchés de masse de la biomasse et, *a contrario*, le plus propice à la valorisation de ressources spécifiques ancrées au territoire. Mais, bien que paré de nombreuses vertus territoriales et écologiques, ce domaine d'activité est également marqué par la volonté de s'affranchir « *de l'hétérogénéité et de l'anisotropie naturelle du bois* » (Triboulot, 2016).

### 3.1 Une ressource territoriale sous contraintes

Figure de proue de la forêt industrielle, le pin maritime des Landes de Gascogne ne jouit pas de la même réputation que les sapins et les épicéas du massif de la Chartreuse (Rhône-Alpes) ; premiers bois français à être dotés d'une AOC en 2018[8] : « Même si c'est réducteur, on est sur un marché historique où l'image du pin maritime, c'est le lambris pas cher avec des gros pétards dedans » (Constructeur bois A, 2017). Pourtant, qu'ils soient scieurs, charpentiers ou architectes, cette essence a aussi ses défenseurs : « On oublie un peu vite que les anciennes charpentes étaient en pin. Ceux qui n'arrêtent pas de dire que ça ne vaut rien, ils ne se donnent pas vraiment la peine de chercher » (Charpentier, 2017). Généralement en marge de la filière landaise, à la tête de petites entreprises et souvent positionnés sur les marchés de la maison individuelle (rénovation, extension, construction), ces acteurs essaient ainsi de (re)valoriser des produits et des savoir-faire originaux à la faveur de l'attractivité du territoire et des attentes actuelles en termes de circuit-court et d'authenticité (Sergent *et al.*, 2018). Pour ce faire, ils mettent aussi en avant leur contribution à l'identité d'une forêt landaise qui, bien que cultivée et majoritairement privée, est aussi un cadre de vie, un patrimoine et un capital naturel de la région (Pottier, 2012). Mais alors que l'AOC Chartreuse résulte d'une stratégie concertée impliquant un Parc naturel régional et plus de 400 acteurs de la filière locale, l'usage du pin maritime dans la construction demeure relativement confidentiel : « Bien qu'étant la ressource la plus locale, le pin maritime n'est pas encore rentré dans les mœurs et la culture constructive des acteurs du territoire » (Mesnard, 2019).

---

8   L'AOC Chartreuse vient entériner la reconnaissance « d'un bois massif de structure destiné à la construction ». https://bois-de-chartreuse.fr/.

La déqualification du pin maritime en tant que ressource territoriale pour la construction ne se résume toutefois pas à un problème culturel et organisationnel. Ce processus est aussi matériel et politique. Alors qu'en Chartreuse, le BO constitue le destin privilégié des bois récoltés, le pin maritime alimente, depuis les années 1960 et le virage de la ligniculture, tout autant les chaînes de valeur du BO (emballage, parquet-lambris, charpente...) que celles du bois d'industrie (BI) pour la trituration (panneau, papier, carton). Basée sur les spécificités matérielles de l'arbre et la mise en partage de la ressource locale[9] (Lévy et Bergouignan, 2011), ce « jeu subtil d'équilibre intra-sectoriel » est une caractéristique du territoire landais qui tend cependant à se déliter sous l'influence des industries de la trituration, du développement des usages énergétiques de la biomasse et des promesses de la chimie verte (Mora et Banos, 2014). Amplifiées par les tempêtes et le déclin des petites scieries, ces concurrences d'usages affaiblissent les complémentarités « traditionnelles », ou du moins tendent à les redéfinir autour des usages dominants ou de ceux espérés comme tels : « Il faut utiliser le pin maritime là où il est fort : la moitié de la forêt part déjà en papier, donc ça, quoi qu'on en pense, c'est bien. Après il se trouve qu'on a un pin qui est très résineux, donc c'est une vraie usine chimique qui peut amener un nouvel âge d'or[10] » (Scientifique, 2016). Articulant stratégies de différenciation et de spécialisation, ce processus de requalification du pin maritime s'appuie sur une sylviculture dynamique et une exigence de productivité des peuplements forestiers ; deux tendances de fond qui font évoluer les caractéristiques et la morphologie même des arbres : « Un bois de qualité ça s'élève mais là, le pin maritime devient une forêt de petit bois gérés en rotation rapide pour faire de la pâte à papier, donc il a des nœuds partout, il se barre dans tous les sens et on n'a plus de grandes longueurs » (Scieur, 2017). Facteur de compétitivité et donc qualité recherchée par les industries de la trituration, la croissance des arbres augmente en effet la nodosité et la variabilité interne du tronc (liées à la proportion de bois juvénile) ; deux qualités *a contrario* handicapantes pour les usages construction. Initialement synonymes d'alliance industrielle, les interdépendances matérielles nouées autour du pin maritime tendent ainsi à devenir sources d'antagonisme. Reflet d'un rapport de force qui s'est déséquilibré (entre le BO et le BI) et de l'émergence de nouvelles synergies industrielles (entre le BI et le BE), cet antagonisme matériel contribue en retour à marginaliser les usages construction, et plus largement la place même du BO au sein de l'assemblage landais (Tab. 1 et 2). S'il n'y a donc nul déterminisme naturel dans ce processus de déqualification, celui-ci n'en possède pas moins des fondements matériels. D'ailleurs, également problématique pour les usages construction, la flexuosité du pin maritime tient

---

9    Alors que les industries du BI valorisent les bois de plus faibles diamètres et les sous-produits issus des scieries, les entreprises du BO valorisent les produits issus du sciage des grumes.

10    Cette expression est associée à l'histoire du gemmage qui fut l'usage économique dominant du pin maritime de la fin du XIXe siècle jusqu'à l'avènement de la ligniculture dans les années 1960 (Mora et Banos, 2014).

surtout à la manière dont cette essence autochtone s'est adaptée aux sols sableux et aux conditions venteuses de la région : « *il est capable de se vriller pour danser temporairement avec le vent* » (Scientifique B, 2018).

**Tab. 1**  Volumes de bois d'œuvre récoltés sur le Pin maritime d'Aquitaine et les conifères de France métropolitaine (milliers de m$^3$).

*Volume of timber harvested from Maritime Pine in Aquitaine Region and from conifers in France (in thousand cubic meters).*

| Année | Pin maritime Aquitaine | Conifères France | Part du pin maritime dans récolte nationale |
|---|---|---|---|
| 2005 | 4 593 | 14 741 | 31,2 % |
| 2008 | 4 611 | 15 048 | 30,6 % |
| 2010 | 5 837 | 15 922 | 36,7 % |
| 2012 | 3 111 | 13 239 | 23, 5 % |
| 2015 | 3 229 | 13 673 | 23, 6 % |
| 2018 | 3 022 | 14 599 | 20,7 % |
| 2021 | 2 486 | 15 839 | 15,7 % |
| Taux d'évolution 2005-2021 | - 45,8 % | + 7,4 % | |

*(Source : Agreste, enquête exploitations forestières et scieries, 2022)*
*Commentaire : La récolte de BO en pin maritime a baissé de plus de 45 % entre 2005 et 2021 alors que sur la même période la récolte de BO sur les conifères augmente de 7,4 % à l'échelle nationale*

**Tab. 2**  Production de sciages sur le Pin maritime d'Aquitaine et les conifères de France métropolitaine (en milliers de m$^3$).

*Sawn timber production from maritime pine in Aquitaine region and conifers in France (in thousand cubic meters).*

| Année | Pin maritime Aquitaine | Conifères France | Part du pin maritime dans production nationale |
|---|---|---|---|
| 2013 | 1 339 | 6 544 | 20,5 % |
| 2015 | 1 209 | 6 344 | 19 % |
| 2017 | 1 135 | 6 653 | 17 % |
| 2019 | 1 004 | 6 454 | 15,6 % |
| Taux d'évolution 2013-2019 | - 25 % | - 1,4 % | |

*(Source : Agreste, enquête exploitations forestières et scieries, 2022)*
*Commentaire : La production de sciage confirme le déclin du BO sur le pin maritime puisqu'elle diminue de 25 % entre 2013 et 2019 alors qu'elle reste quasiment stable sur l'ensemble des résineux à l'échelle nationale.*

Les réagencements à l'œuvre au sein de la filière landaise doivent aussi être mis en relation avec la domination des marchés de la construction bois par les pays d'Europe du Nord, Scandinavie en tête. Au début des années 2000, ces pays ont largement pénétré les marchés français grâce à leur prix, la fiabilité des approvisionnements mais aussi leur capacité à proposer des bois stables et homogènes : « L'épicéa, c'est du pétrole, d'une planche à l'autre ça se ressemble. Ça s'industrialise bien » (Constructeur bois A, 2017). Érigeant ces importations en problème, l'État Français a poussé la filière forêt-bois dans une trajectoire de rattrapage industriel alignée sur critères de standardisation et de normalisation des produits nordiques (Sergent *et al.*, 2018). Si cette politique de modernisation a amélioré la compétitivité des sciages français, elle aussi accentué le déclin des petites unités adaptées à l'hétérogénéité de la forêt française : « On nous parle toujours des Scandinaves, mais à la base, on n'a pas la même matière première ! Eux, ils ont trois essences forestières alors qu'en France, on en plus d'une centaine. Eux, ils livrent des sections de 6 m sans un nœud alors qu'avec le pin maritime, on arrive à peine à 1 m 10 » (Scieur B, 2017). Dans le même temps, les normes de classement des bois pour la construction restent encore largement basées sur des méthodes visuelles qui se focalisent sur les défauts de nodosités et, ce faisant, tendent à déclasser les bois locaux sans que les qualités mécaniques ne soient toujours réellement mises en défaut par ces singularités. Ce qui est notamment le cas du pin maritime (Chopard *et al.*, 2016).

Si les recompositions industrielles à l'œuvre tendent à réduire le spectre de ce qui fait « ressource » au sein des forêts françaises, elles mettent aussi en lumière un paradoxe : alors que les marchés de la construction sont dominés par des bois nordiques réputés homogènes mais issus d'arbre à croissance lente, le pin maritime, qui incarne pour beaucoup la forêt industrielle, semble résister à cette forme de standardisation. Malgré un contrôle des conditions de croissance par la génétique et la sylviculture, ce bois reste considéré comme très hétérogène et variable (Castera, 2005). Mais cette réputation tient moins aux propriétés intrinsèques du pin maritime qu'au découplage entre les normes dominantes de la construction bois et la manière dont le système landais a progressivement transformé les caractéristiques matérielles de l'arbre.

### 3.2 Une ressource locale sauvée par les nouveaux marchés ?

Le décollage poussif du bois construction en France[11] suscite des interrogations quant à la meilleure stratégie à adopter ; certains préconisant de « pousser les bois français avec force et détermination » (Puech, 2009) quand d'autres invitent à se concentrer sur la substitution des matériaux pétrosourcés (Alexandre *et al.*, 2012). L'idée selon laquelle la promotion du bois dans la construction s'accompagne nécessairement d'une (re)valorisation des essences locales repose ainsi sur une ambiguïté, voire sur une confusion des luttes, entre d'une part la défense du bois face aux autres matériaux de construction et d'autre part celle du bois local face aux bois importés ; la seconde stratégie pouvant conduire à l'échec de la

---

11   Tous types de logements confondus, la construction bois représente à peine 7 % de parts de marché en France (Sergent *et al.*, 2018).

première : « Quand je vois des ayatollahs du pin maritime, je leur rappelle qu'on est face à une économie du BTP. Si on veut atteindre la neutralité carbone, le bois doit gagner des parts de marchés » (Constructeur B, 2018). Pour ces acteurs qui appellent à lutter, non contre le douglas ou l'épicéa, mais « contre les lambris PVC ou contre le triptyque béton/fermette/laine de verre », le bois n'est pas un matériau traditionnel mais un matériau stratégique au service de la transformation des procédés industriels de la construction. Ses principaux atouts sont alors son impact environnemental, sa capacité à stocker du carbone, ses propriétés isolantes mais aussi et surtout sa légèreté et sa préfabrication qui garantissent des chantiers propres et rapides ainsi qu'un recyclage des sous-produits (Triboulot, 2016). Cherchant à s'aligner sur les exigences d'efficacité et de vitesse du BTP pour mieux concurrencer cette culture constructive, la stratégie adoptée ne conduit pas nécessairement à rejeter le local mais tend à le redéfinir à l'aune de critères tels que la distance (coût de transport, bilan carbone) ou la souveraineté industrielle (nationale, voire européenne). En fait, c'est au nom même d'une transition écologique, ici pensée sous l'angle de la convergence entre performances économique et environnementale, que ces acteurs dénoncent une forme de démagogie territoriale et en appellent plutôt à la mixité des solutions constructives pour utiliser le « bon matériau au bon endroit » : « Le bois dans de bonnes conditions thermo-hydriques est plus durable que la pierre elle-même. Sauf qu'on veut mettre le bois local à toutes les sauces. Du coup, on l'utilise dans de mauvaises conditions et on obtient juste des vitrines dégueulasses » (Scientifique B, 2018).

Érigés en moteur de cette mixité des matériaux, les « bois d'ingénierie » ouvrent de nouvelles perspectives pour le pin maritime. Ces bois reconstitués, lamellés-collés, contrecollés-croisés, dont le contreplaqué est un peu l'ancêtre, tendent en effet à se substituer au bois massif. Moins onéreux à produire, car moins gourmands en matière première et moins dépendant des propriétés matérielles de cette dernière, ces produits transforment le bois en « technologie modulaire » pouvant avoir de nombreux usages et autorisant des constructions plus légères ; le tout avec une grande fiabilité des approvisionnements (Sergent *et al.*, 2018). Ainsi tandis que le bois lamellé-collé (BCL) permet d'obtenir des poutres de grande longueur en aboutant et en collant ensemble des lamelles de bois, le panneau contrecollé-croisé (CLT), proche la technologie des dalles de béton préfabriquées, peut être utilisé en mur porteur, plancher et élément de toiture. S'inscrivant dans une logique de symbiose matérielle avec le plastique, le béton ou l'acier, ces produits techniques permettent de proposer des éléments structurels à partir de bois de faibles diamètres et à la singularité limitée (Saura, 2022). Or, cette logique de décomposition/reconstitution de la biomasse forestière selon les usages souhaités est en phase avec la trajectoire du modèle landais, tant au niveau des orientations sylvicoles que du développement des bioraffineries. Les techniques d'aboutage permettent en effet de s'affranchir du « problème » de la nodosité du pin maritime puisqu'il est désormais possible de supprimer les parties non homogènes, présentant trop de nœuds, puis de les coller pour retrouver des sections importantes. Par ailleurs, tout en contribuant à la standardisation des bois, ces techniques d'aboutage peuvent aussi permettre de revaloriser certaines singularités. Vues comme des contraintes, la flexuosité et la souplesse du pin maritime peuvent, avec l'aboutage, devenir une opportunité pour façonner des éléments courbes et cintrés adaptés, par exemple, aux coques des bateaux[12]. Enfin, si la variabilité interne du pin reste un défi, nécessitant d'abouter des planches venant de la même partie des grumes, elle constitue aussi un levier pour replacer l'activité du sciage, seule à même de réaliser cette opération, au cœur du système industriel landais (Saura, 2022). Ainsi, bien que frappés du sceau de la standardisation, ces nouveaux produits du bois construction pourraient contribuer à redonner le statut de *flex tree* (Kröger, 2016) à un pin maritime qui est tout à la fois le produit d'une monoculture industrielle et, jusqu'à présent du moins, le fragile nœud d'une diversité d'usages locaux, marchands et non marchands.

# 4   Conclusion

Les pistes proposées par la géographie critique des ressources constituent moins une alternative qu'un regard complémentaire à la notion de ressources territoriales. Cette dernière reste opérationnelle pour appréhender des dynamiques de transition bien souvent orientées par le poids des héritages territoriaux et les coordinations situées (Lenglet, 2020 ; Fontaine et Rocher, 2023). La redéfinition en cours des interdépendances entre dynamiques industrielles et processus écologiques invite toutefois à prendre davantage au sérieux les conditions matérielles des processus productifs et, plus largement, de nos modes d'existence. Certes, des champs de recherche féconds tels que l'écologie territoriale visent à mieux concilier les dynamiques d'acteurs, créatrices de ressources territoriales, et les exigences écologiques censées les guider (Buclet, 2015). Mais alors que ces travaux cherchent à optimiser la gestion des flux à l'échelle territoriale, la géographie critique des ressources offre des clés de lecture pour comprendre comment les acteurs composent et « font avec » des entités naturelles (et leurs métrologies controversées) qui génèrent des frictions et des contraintes mais aussi des surprises et des opportunités (Bakker et Bridge, 2006 ; Himley *et al.*, 2022). Cette réintégration des contingences dans les processus d'innovation et de développement territorial est d'autant plus cruciale que certains évènements, qu'on pensait jusque-là conjoncturels, tendent à devenir des phénomènes structurels avec le changement climatique. Accentuant les incertitudes sur l'évolution des ressources forestières (quantité et qualité) tout en générant régulièrement des afflux de biomasse à moindre coût, la multiplication et la récurrence des phénomènes extrêmes (tempêtes, incendies, dépérissements...) risquent ainsi d'affecter

---

12   Les pinasses traditionnelles du bassin d'Arcachon étaient conçues avec du pin maritime en jouant sur la souplesse de ce bois à l'état vert (Saura, 2022).

profondément l'approvisionnement des industries, leur stratégie et *in fine* les trajectoires de la bioéconomie forestière.

Si le degré d'influence de la « nature-processus » (Lespez et Dufour, 2021) sur nos capacités d'agir et nos modèles de développement (re)devient une question fondamentale, il est également nécessaire de rester attentif à la manière dont les problèmes environnementaux sont instrumentalisés pour justifier certains choix et exclure certains acteurs au nom de la nécessité ou de la rareté. En définissant les ressources comme des assemblages, à la fois matériels et politiques, la géographie critique des ressources donne des prises pour tenir cet équilibre et questionner le caractère émancipateur ou, au contraire, délétère des interdépendances socio-écologiques construites au nom de la bioéconomie et de la transition écologique (Birch, 2019 ; Palmer, 2020). Cette lecture permet également de rappeler que, tout en pouvant servir de support à l'émergence de modèles alternatifs, territoire et patrimoine constituent aussi des outils redoutables pour asseoir des procédures de développement socio-économiques et, comme le montre la transformation des souches de pin maritime en énergie « verte » ; faire apparaître comme évident ou indiscutable ce qui relève du jeu contrasté d'acteurs, sociaux et naturels (Banos *et al.*, 2020).

Enfin, tout en partageant le même souci de mieux prendre en compte le rôle de la demande dans l'orientation des systèmes de production, les deux courants discutés se distinguent par leur angle d'approche. Alors que les ressources territoriales tendent à insister sur le rôle des usages non-marchands et des consommateurs alternatifs, la géographie critique des ressources reste axée sur l'économie capitaliste, ses marchés et ses acteurs dominants. Or, cette dernière focale conserve tout son intérêt puisque les industries établies ne se résument pas à de simples freins ou obstacles à la transition écologique mais se positionnent souvent, non sans ambiguïtés, en acteurs et parfois même en moteurs de ces dynamiques de changement (Turnheim et Sovacol, 2022). C'est ainsi au nom même de la transition bas carbone que la filière et les territoires forestiers sont appelés à produire plus (Sergent, 2014 ; Banos *et al.*, 2022). Parfois qualifié de « capitalisme climatique » (Newell et Patterson, 2010) et soutenu par les discours sur la souveraineté, ce retour du productif tend à replacer la question industrielle au cœur de nombreux territoires en bousculant les oppositions supposées entre coordinations d'acteurs historiques et logiques de captation, revalorisation des ressources locales et démultiplication industrielle de leurs usages (Birch, 2019).

Quelque peu délaissée en France, la question des usages industriels de la « nature » mérite ainsi d'être réinvestie pour mieux comprendre la recomposition des modèles productifs et l'évolution des moteurs du développement territorial à l'heure de la transition écologique. C'est en ce sens que la géographie critique des ressources peut être utile et complémentaire à une approche territoriale soucieuse de « comprendre le "nouvel esprit du capitalisme" et ses formes géographiques perverses » (Tallandier et Pecqueur, 2018). En effet, pour que le modèle alternatif des ressources territoriales garde sa force et sa pertinence, il paraît nécessaire non seulement de renouer avec la matérialité du monde, mais aussi de faire évoluer notre compréhension du modèle dominant auquel il s'oppose : « *We must address capitalism in its hidden moments [...] We cannot avoid this, even though we may continue to choose to deny it. If we work together, however, we may participate in its transformatio*n » (Fitzsimmons, 1989).

## Remerciements

Nous remercions notre collègue géographe, Sophie Le Floch, pour ses conseils avisés ainsi que les relecteurs de l'article pour leurs suggestions constructives.

INRAE, UR ETTIS
Centre Nouvelle-Aquitaine Bordeaux
50 avenue de Verdun
33610 Cestas
vincent.banos@inrae.fr

## Bibliographie

Allain, S., Ruault, J.F., Moraine, M., Madelrieux, S. (2022), « The '"bioeconomics vs bioeconomy" debate: beyond criticism, advancing research fronts », *Environmental Innovation and Societal Transition, n*° 42, p. 58-73.

Alexandre, S., Gault, J., Guerin, A.-J., Lefebvre, E., Menthière (de), C., Rathouis, P., Texier, P.-H., Toussaint, L. (2012), *Les usages non alimentaires de la biomasse*, Rapport du CGAAER, Paris, 140 p.

Bakker, K., Bridge, G. (2006), « Material Worlds? Resource geographies and the 'matter of nature' », *Progress in Human Geography*, n° 30-1, p. 5-27.

Bakker, K. (2005), « Neoliberalizing nature? Market environmentalism in water supply in England and Wales », *Annals of the Association of American Geographers*, n° 95(3), p. 542-565.

Banos, V., Deuffic, P., Brahic E. (2022), « Engaging or resisting? How forest-based industry and forest owners in Aquitaine (Southwest France) respond to bioenergy policies », *Forest Policy and Economics*, n° 144, 102843, [En ligne].

Banos, V., Flamand-Hubert, M. (2020), « Les mondes de la forêt et du bois à l'épreuve des changements globaux », *Cahiers de Géographie du Québec*, vol. 65, n° 183, p. 221-228.

Banos, V., Gassiat, A., Girard, S., Hautdidier, B., Houdart, M., Le Floch, S., & Vernier, F. (2020), « L'écologisation, mise à l'épreuve ou nouveau registre de légitimation de l'ordre territorial ? » *Développement durable et territoires*, n° 11-1 [En ligne].

Banos, V., Dehez, J. (2017), « Le bois-énergie dans la tempête, entre innovation et captation ? Les nouvelles ressources de la forêt landaise », *Natures, Sciences, Sociétés*, n° 25-2, p. 122-133.

Benko, G. (2008), « La géographie économique : un siècle d'histoire », *Annales de Géographie*, n° 664, 23-49.

Bennett, J. (2010), *Vibrant Matter : A Political Ecology of Things*, Durham, NC Duke University Press, 176 p.

Benoît, S. (2021), « Bioéconomie et diversité des ancrages territoriaux », *Économie rurale*, n° 376, p. 77-91.

Birch, K., Calvert, K. (2015), « Rethinking 'Drop-in' Biofuels : On the Political Materialities of Bioenergy », *Science and Technology Studies*, n° 28, p. 52-72.

Birch, K. (2019) *Neoliberal bioeconomies? The co-construction of markets and Natures*, Cham (Suisse), Palgrave MacMillan, 208 p.

Blot F., Milian J. (2004), « "Ressource", un concept pour l'étude de relations éco-socio-systémiques », *Montagnes méditerranéennes et développement territorial*, n° 20, p. 69-73.

Boyd, W., Prudham, S. et Schurman, R., (2001), « Industrial Dynamics and the problem of Nature » *Society and Natural Resources*, n° 14, p. 555-570.

Brahic, E., Deuffic, P. (2017), « Comportement des propriétaires forestiers landais vis-à-vis du bois énergie : une analyse micro-économique », *Économie rurale*, n° 359, p. 7-25.

Braun, B. (2008), « Environmental issues : Inventive life », *Progress in Human Geography*, vol. 32, p. 667-679.

Bridge, G. (2009), « Material worlds : natural resources, resource geography and the material economy », *Geography Compass*, vol. 3, p. 1217-1244.

Buclet, N. (2015), *Essai d'écologie territoriale. L'exemple d'Aussois en Savoie*, Paris, CNRS Éditions, 218 p.

Bugge, M., Hansen, T., Klitkou A. (2016), « What Is the Bioeconomy : A Review of the Literature », *Sustainability* n° 7-8 [En ligne].

Callois, J.-M. (2022) *Le renouveau des territoires par la bioéconomie : les ressources du vivant au cœur d'une nouvelle économie*, Paris, Quae, 225 p.

Castera, P. (2005), « La qualité du bois de pin maritime », *Forêt Méditerranéenne*, n° 24-1, p. 111-116.

Castree, N. (2003), « Commodifying what nature? », *Progress in Human Geography*, n° 27-3, p. 273-297.

Castree, N. (2002), « False antitheses? Marxism, nature and actor-networks », *Antipode*, n° 34, p. 111-46.

Castree, N. (1995), « The nature of produced nature : materiality and knowledge construction in Marxism », *Antipode*, n° 27-1, p. 12-48.

Chopard, B., Riou-Nivert, P. François D., Deleuze C. (2016), « Gestion des résineux et demande industrielle : le regard de la R&D », *Revue forestière française,* n° 68-2, p. 173-184.

Colletis, G., Pecqueur, B. (2005), « Révélation de ressources spécifiques et coordination située », *Économie et Institutions*, n° 6-7, p. 51-74.

Colletis, G., Pecqueur, B. (2018), « Révélation des ressources spécifiques territoriales et inégalités de développement. Le rôle de la proximité géographique », *Revue d'Économie Régionale et Urbaine,* n° 5, p. 993-1012.

Courlet, C., Pecqueur, B. (2013), *L'économie territoriale*, Grenoble, Presses Universitaires de Grenoble, 143 p.

Dehez, J., Banos, V. (2017), « Le développement territorial à l'épreuve de la transition énergétique. Le cas du bois énergie », *Géographie, économie, société*, n° 19-1, p. 109-131.

Deshaies, M., Mérenne-Schoumaker, B., (2014), « Ressources naturelles, matières premières et géographie. L'exemple des ressources énergétiques et minières », *Bulletin de la Société Géographique de Liège*, n° 62, p. 53-61.

Farcy, C., Peyron, J-L. et Poss, Y., (2013), *Forêts et foresterie : mutations & décloisonnements*, Paris, Harmattan, 341 p.

Fontaine, A. et Rocher, L., (2023), « De l'or noir à l'or vert : le gaz de mine, une ressource de transition dans le Nord-Pas-de-Calais ? », *Développement Durable et Territoires*, vol.14, n° 1, [En ligne].

Fitzsimmons, M. (1989), « The matter of nature », *Antipode*, n° 21-2, p. 109-120.

François, H., Hirczak, M., Senil, N. (2006), « Territoire et patrimoine : la co-construction d'une dynamique et de ses ressources », *Revue d'Économie Régionale & Urbaine*, n° 5, p. 683-700.

Goodman, D. (2001), « Ontology matters : The relational materiality of nature and agro-food studies », *Sociologia Ruralis,* n° 41, p. 182-200.

Gobert, J. (2018), « La bioraffinerie : mythe structurant d'une infrastructure clé de la transition écologique », *Tracés. Revue de Sciences humaines,* n° 35, p. 99-116.

Gregori (de), T.R., (1987), « Resources are not ; they become : an institutional theory », *Journal of Economic Issues,* n° 21-3, p. 1241-1263.

Gumuchian, H., Pecqueur, B. (2007), *La ressource territoriale,* Paris, Economica, 252 p.

Hermeline, M., Lavarde, F. (2020), *La valorisation des gros bois,* Rapport du CGAAER, Paris, 98 p.

Himley, M., Havice, E., Valdivia, G. (2022), *The Routledge Handbook of Critical Resource Geography,* Londre et New York, Routledge, 466 p.

Holifield, R. (2009), « Actor-network theory as a critical approach to environmental justice : a case against synthesis with urban political ecology », *Antipode,* n° 41-4, p. 637-58.

Janin, C., Peyrache-Gadeau, V., Landel, P.-A., Perron, L., Lapostolle, D., Pecqueur, B. (2015), « L'approche par les ressources : pour une vision renouvelée des rapports entre économie et territoire », in Torre, A., Vollet, D. (Dir.), *Partenariats pour le développement territorial,* Versailles, Quae, p. 149-164.

Jeannerat, H., Crevoisier, O. (2022) « From competitiveness to territorial value : Transformative territorial innovation policies and anchoring milieus », *European Planning Studies,* n° 21 [En ligne].

Kebir, L., Crevoisier, O. (2004), « Dynamiques des ressources et milieux innovateurs », in Camagni R., Maillat, D. et Matteaccioli, A. (dir.), *Ressources naturelles et culturelles, milieux et développement local,* Neuchâtel, EDES, p. 261-290.

Kebir, L. (2006), « Ressources et développement régional, quels enjeux ? », *Revue d'Économie Régionale et Urbaine,* n° 5, p. 701-723.

Kirsch, S., Mitchell, D. (2004), « The nature of things : dead labor, nonhuman actors, and the persistence of Marxism », *Antipode, n°* 36, p. 687-705.

Knappet, C. (2007), « Materials with Materiality? », *Archaeological Dialogues,* n° 14-1, p. 20-23.

Kröger, M. (2016), « The political economy of 'flex trees' », *The Journal of Peasant Studies,* n° 41, p. 235–261.

Labussiere, O., Nadaï, A. (dir.) (2018), *Energy Transitions : A Socio-technical Inquiry,* Cham (Suisse), Palgrave Macmillan, 348 p.

Lenglet, J. (2020), *Quand la filière sort du bois : les nouvelles dynamiques territoriales des ressources et des proximités au sein du secteur forêt-bois,* Thèse de doctorat en géographie, Université Paris 1, 431 p.

Lévy, R., Belis-Bergouignan, M.C. (2011), « Quel développement pour une filière fondée sur le partage d'une ressource localisée ? », *Revue d'économie régionale & urbaine,* n° 3, p. 469-497.

Lespez, L., Dufour, L. (2021), « Les hybrides, la géographie de la nature et de l'environnement », *Annales de Géographie »,* n° 737, p. 58-85.

Li, T-M. (2014), « What is land? Assembling a resource for global investment », *Transactions of the Institute of British Geographers,* n° 39, p. 589-602.

Lung-Escarmant, B., (2002), « Evaluation du risqué fomes dans le massif landais suite à la tempête de décembre 1999 », *la lettre du DSF,* n° 25, p. 5.

Mather, A. S., Fairbairn, J., Needle, C. L., (1999) « The course and drivers of the forest transition : The case of France », *Journal of Rural Studies,* vol. 15, n° 1, p. 65-90.

Mesnard, C. (2019), *Rapport sur la recherche-action "Atelier des Landes" (2012-2019),* ENSAP de Bordeaux et UMR Passages, 186 p. [En ligne].

Ministère de l'Agriculture et de l'Alimentation (2018), *Une stratégie Bioéconomie pour la France*, Plan d'action (2018-2020), Paris, 12 p.

Mitchell, T. (2013), *Carbon Democracy : le pouvoir politique à l'ère du pétrole*, Paris, La Découverte, 330 p.

Montouroy, Y., Sergent, A., (2014), « Le jeu transcalaire des papetiers dans le cadre de la mise en œuvre de la politique « climat-énergie » : le cas de l'Aquitaine », *Critique internationale*, n° 1, p. 57-72.

Mora, O., Banos, V. (2014), « La forêt des Landes de Gascogne : vecteur de liens ? », *VertigO*, n° 14 -1, [En ligne].

Newell, P.-J., Paterson, M. (2010), *Climate capitalism : global warming and the transformation of the global economy*, Cambridge, Cambridge University Press, 205 p.

Neyrat, F. (2016), « La matière sombre. Courte étude sur les nouveaux matérialismes et leur sombre revers », *Lignes*, vol. 51- 3, p. 117-130.

Pahun, J., Fouilleux, È., Daviron, B. (2018), « De quoi la bioéconomie est-elle le nom ? Genèse d'un nouveau référentiel d'action publique », *Natures Sciences Sociétés*, n° 26-1, p. 3-16.

Palmer, J. (2020), « Putting forests to work? Enrolling vegetal labor in the socioecological fix of bioenergy resource making », *Annals of the American Association of Geographers*, n° 111-1, p. 141– 156.

Pecqueur, B. (2014), « Esquisse d'une géographie économique territoriale », *L'Espace Géographique*, 43-3, 198-214.

Prudham, S. (2004), *Knock on Wood : Nature as Commodity in Douglas-Fir Country*, New York, Routledge, 272 p.

Pottier, A. (2012), *La forêt des Landes de Gascogne comme patrimoine naturel ? Échelles, enjeux, valeurs*, Thèse de doctorat en géographie, Université de Pau, 487p.

Puech, J., (2009), *Mise en valeur de la forêt française et développement de la filière bois*, Ministère de l'Agriculture et de la Pêche, Paris, 74 p.

Redon, M., Magrin, G., Chauvin, E., Perrier-Bruslé, L. et Lavie, E. (2015), *Ressources mondialisées : essais de géographie politique*, Paris, Publications de la Sorbonne, 336 p.

Rouffignac (de), A., Cazals, C., Vivien, F-D. (2022) « Une analyse patrimoniale des trajectoires économiques d'une filière : le développement de la bioraffinerie forestière dans les Landes », *Économie rurale*, n° 381, p. 7-19.

Saura, N. (2022), *Enquête exploratoire sur les dispositifs socio-techniques de l'industrialisation du bois en France : entre matérialités récalcitrantes et symbioses industrielles*, Mémoire de Master, EHESS-INRAE, non publié, 65p.

Sergent, A., Ruault, J.-F., Banos, V., Nefe, M., Chen, D., Levet, A-L., Eliegbo Amouzou, W. (2018), *La compétitivité des filières locales pour la construction bois : état des lieux, enjeux et perspectives d'évolution*, Rapport pour le Ministère de l'Agriculture et de l'Alimentation, Bordeaux et Grenoble, 119 p.

Sergent, A. (2014), « Sector-based political analysis of energy transition : green shift in the forest policy regime in France », *Energy Policy*, n° 73, p. 491-500.

Tallandier, M., Pecqueur, B. (2018) *Renouveler la géographie économique*, Paris, Economica et Anthropos, 296 p.

Triboulot, P. (2016) « Le bois dans la construction : réflexion sur les évolutions probables et conséquences pour l'amont de la filière », *Revue forestière française*, n° 68, p. 127-132.

Turnheim, B., Sovacool, B.K. (2020), « Forever stuck in old ways? Pluralising incumbencies in sustainability transitions », *Environmental Innovation and Societal Transitions*, n° 35, p. 180-184.

Vivien, F-D., Nieddu, M., Befort, N., Debref, N., Giampetro, M. (2019) « The Hijacking of the Bioeconomy », *Ecological Economics*, n° 159, p. 189-197.

Zimmerman, E., (1951), *World resources and industries. Functional Appraisal of the Availability of Agricultural and Industrial Materiels*, New York, Harper and Brothers, 832 p.

❑ **Noucher M.**

***Blanc des cartes et boîtes noires algorithmiques***

Paris, CNRS Éditions, 2023, 407 p.

Dans cet ouvrage tiré de son HDR, Matthieu Noucher propose une réflexion qui renouvelle les approches critiques de la cartographie, à l'ère du géoweb et de la prolifération des dispositifs géonumériques. De façon en apparence paradoxale, il part de ce motif important de la cartographie moderne qu'est le blanc des cartes, qui semble avoir disparu avec l'imagerie spatiale, les globes virtuels, et la cartographie collaborative.

Après une brève étude de l'histoire du blanc dans les cartes, M. Noucher suggère que ce blanc prend aujourd'hui des formes nouvelles, soit qu'il se dissimule sous la rhétorique colorée des cartes numériques, soit qu'il se déplace vers cette arrière-boutique souvent impensée que sont les algorithmes. Il propose l'expression de « boîte noire » pour désigner ces systèmes qui désormais produisent nos cartes, tout en restant largement invisibles pour les utilisateurs. Les aspects techniques, sociaux, politiques et culturels du blanc des cartes, sous leurs formes anciennes et nouvelles, sont tour à tour envisagés.

M. Noucher appuie sa thèse sur une solide connaissance de la littérature critique sur la cartographie et sur le numérique, dans une approche interdisciplinaire. Fait assez rare, il n'hésite pas à entrer dans le détail du code informatique, de façon pédagogique et sans risquer de perdre les personnes moins au fait que lui des subtilités du langage Python ou des fichiers de configuration YAML.

Le propos théorique est étayé par une série d'exemples, surtout pris en Guyane, terrain propice, comme d'autres grands espaces, à l'étude de la question de l'incomplétude cartographique, et plus précisément, en l'occurrence, de l'inégale géonumérisation du monde. Les chapitres sur la biodiversité, sur l'orpaillage, et sur la cartographie participative sont d'ailleurs des contributions notables à la géographie régionale de cet espace.

Comme il se doit pour un ouvrage sur le sujet, l'illustration est abondante. Outre les figures directement liées au texte, un cahier central d'une quinzaine de pages propose des illustrations pleine page en couleurs, accompagnées de brèves légendes, de cartes sans lien avec le reste du livre, mais où, d'une façon ou d'une autre, le blanc joue un rôle. Cette respiration artistico-poétique, assez rare dans un contexte académique, présentée explicitement comme une invitation au voyage dans le blanc des cartes, donne une coloration particulière à l'ouvrage, tout en renforçant, par la prise de liberté qu'elle manifeste, la crédibilité de sa position critique.

Le livre se conclut par une forme d'éloge discret de l'incartographié, comme espace possible de liberté, notamment pour les populations autochtones, avec un parallèle inattendu avec le conflit en Ukraine, où certaines opérations ne peuvent se mener qu'à l'abri du brouillard de la guerre, qui implique de ne pas mettre à jour trop rapidement les cartes.

Cet ouvrage très riche mérite de figurer dans la bibliothèque de quiconque s'intéresse à la cartographie ou à la Guyane.

**H. Desbois**

❑ **Rode S.**

***Écologiser l'urbanisme. Pour un ménagement de nos milieux de vie partagés***

Perpignan, Éd. Le Bord de l'eau, 2023, 216 p.

Dans le contexte d'un été 2023 marqué par de multiples catastrophes liées au changement climatique, l'ouvrage de Sylvain Rode met en lumière les paradoxes et les enjeux de la nécessaire reconnexion entre l'urbanisme et l'environnement. Ses analyses, à visée théorique et opérationnelle, se fondent sur une importante bibliographie (plus de 200 références) et sur les résultats d'une vingtaine d'entretiens menés auprès de paysagistes, écologues, architectes urbanistes et acteurs publics de l'environnement. L'ensemble rend compte à la fois d'une posture de recherche affirmée et de la diversité des pratiques professionnelles quant à l'appropriation des enjeux écologiques dans le champ de l'urbanisme. L'introduction part de l'hypothèse heuristique de l'écologisation de l'urbanisme, du fait du « caractère aujourd'hui incontournable des questionnements écologiques » dans ce champ. Sylvain Rode y retrace avec une grande clarté l'histoire des relations entre les urbanistes et la nature, et l'affirmation croissante du « ménagement » (*care*) de nos (mi)lieux de vie. Face aux crises écologiques et climatiques, l'adaptation et la résilience apparaissent comme de nouveaux paradigmes dans les politiques publiques. C'est dans ce cadre que l'auteur présente l'écologisation de l'urbanisme comme un enjeu à la fois conceptuel et opérationnel pour « faire avec » la nature, non sans tensions et conflits.

L'ouvrage se structure en deux grandes parties. La première analyse l'écologisation progressive des dispositifs normatifs et réglementaires à travers une étude, d'une part, du droit de l'urbanisme, d'autre part des pratiques et conceptions des paysagistes concepteurs et urbanistes. Sylvain Rode retrace l'histoire de la prise en compte croissante des enjeux environnementaux dans l'urbanisme depuis les années 1970, en s'appuyant notamment sur des frises chronologiques très claires et utiles pour saisir les grandes ruptures et les évolutions au long cours. Sont ici retracés à la fois les lois mais aussi les outils – et notamment les démarches volontaires – permettant d'incarner l'écologisation sur le plan réglementaire et normatif. En confrontant ensuite les points de vue, les démarches et les méthodes des paysagistes, « en prise directe avec le vivant », et des urbanistes confrontés à « une écologisation sous contraintes », Sylvain Rode rend compte d'approches à la fois diverses et complémentaires de l'environnement dans les pratiques professionnelles. Le texte est agrémenté de graphiques et d'extraits d'entretiens, rendant compte du travail d'enquête (entretiens semi-directifs et questionnaires) réalisé par l'auteur. La seconde partie propose une approche opérationnelle des projets urbains en étudiant l'écologisation de l'urbanisme dans la fabrique de la ville, à travers notamment l'intervention motrice des écologues. Cette partie, centrée sur la théorie du projet et le paradigme de la transaction, prend plus spécifiquement l'exemple des risques d'inondation pour interroger les modalités de mise en œuvre d'un urbanisme résilient, tenant compte des interactions entre la ville et l'eau. Les réflexions proposées sur la désurbanisation et l'occupation de l'espace en prise avec les milieux sont particulièrement stimulantes.

En analysant de transformations structurelles, mais aussi de ruptures et crises récentes (avec notamment une réflexion sur les impacts de la crise sanitaire de la Covid-19), l'ouvrage de Sylvain Rode constitue donc une clef de lecture particulièrement opératoire pour saisir la place des grands enjeux écologiques contemporains dans l'urbanisme et l'aménagement aujourd'hui.

**C. Quéva et V. Fourault-Cauët**

❏ **Talandier M., Tallec J. (dir.)**

*Les Inégalités territoriales*

Londres, ISTE Éditions, 2023, 306 p.

## Sus aux idées reçues !

En France, les inégalités territoriales méritent une exploration d'autant plus rigoureuse que leur intense politisation brouille leur perception objective. Sont-elles en augmentation, en recul ? Les coauteurs de ce livre, conscients de l'enjeu scientifique et politique qu'elles représentent, multiplient les précautions méthodologiques. Ils livrent un travail scrupuleux où se mêle la prise en compte d'objets géographiques et de jeux scalaires.

X. Desjardins et P. Estèbe décrivent les binômes inégalitaires (ville-campagne, Paris-province, deux France), à la fois réels et fantasmés, dont la réduction a longtemps obsédé les aménageurs du territoire. Enrichissant la problématique générale de l'ouvrage, ils posent deux questions essentielles, suscitant des réponses nuancées : « développer le territoire, est-ce développer les territoires ? » ; « promouvoir l'égalité des citoyens est-ce défendre celle des territoires ? ».

Au fil du texte, d'autres contradictions se dévoilent, des idées reçues vacillent. M. Talandier et L. Davezies invitent à ne pas confondre production territoriale (PIB) et revenu disponible (RDB). Si l'on suit ce conseil, l'on constate que l'intense redistribution des richesses, autorisée en France par des prélèvements sociaux record et par la mobilité des ménages, permet à des espaces périphériques de compenser leur déficit de valeur ajoutée. Ce qui fait dire à L. Davezies que le développement humain des territoires résulte surtout de leur capacité à capter des ressources, et amène M. Talandier à contester,

sauf pour Paris, l'image de villes-centres embourgeoisées, ceintes de couronnes paupérisées.

De fait, depuis une quarantaine d'années, si les inégalités interrégionales de PIB/h augmentent en raison d'une mondialisation-métropolisation polarisante, les écarts de RDB/h diminuent. Au pire, l'évolution négative d'un territoire n'interdit pas la promotion sociale... Car ceux qui réussissent partent. Dans les zones urbaines sensibles, « sas » plus que « nasses », la politique de la ville, impuissante à réduire les inégalités territoriales, s'avère néanmoins utile pour améliorer le sort des plus vulnérables.

Les mêmes renversements de propos convenus se retrouvent dans l'étude du périurbain (E. Charmes) et des inégalités entre villes moyennes (J. Tallec). En hybridant l'urbain et le rural, la périurbanisation a sauvé du déclin nombre de campagnes. Un « droit au village » (notion floue) corrigerait l'ambiance de « club » fermé qui sévit parfois dans ces couronnes où le niveau social peut surpasser celui des centres. Quant à l'extrême différenciation socio-économique des villes moyennes, J. Tallec l'attribue aux effets régionaux de contextes et de réseaux.

Restent les deux extrémités du spectre géographique. Au supranational, F. Santamaria brosse le portrait d'une Union européenne aux inégalités spatiales plus réduites qu'ailleurs dans le monde, mais consacrant trop peu de moyens aux progrès de sa cohésion spatiale. Il y voit l'effet d'une contradiction entre politique de convergence et choix de consolider les plus forts pour affronter une concurrence mondialisée. Au niveau local, S. Fol et L. Frouillou font une synthèse solide de la littérature sur la ségrégation ; mais pourquoi n'évoquer la France des quartiers qu'à travers ce filtre trop radical ?

**G. Di Méo**

Véronique Fourault-Cauët et Christophe Quéva, rédacteurs en chef des *Annales de géographie*, au nom du comité de rédaction et de l'éditeur Dunod/Armand Colin, remercient vivement les évaluateurs qui ont contribué en 2023 par leurs relectures à la qualité scientifique de la revue.

Nicolas Bautès, université de Caen Basse-Normandie

Catherine Baron, Sciences Po Toulouse

Adrien Baysse-Lainé, UMR Pacte

Jean-François Belières, CIRAD UMR ART-Dev

Nathalie Bernardie-Tahir, université de Limoges

Xavier Bernier, Sorbonne université

François Bétard, Sorbonne Université

Natalie Blanc, UMR LADYSS

Sophie Blanchard, université Paris-Est Créteil

Marie Bridonneau, université Paris Nanterre

Yann Calbérac, université de Reims Champagne-Ardenne

Fatoumata Camara, université des Sciences Sociales et de Gestion de Bamako

Vincent Capdepuy, UMR Géographie-Cités

Céline Chadenas, université de Nantes

Michel Chambon, Asian Research Institute

Dominique Chevalier, université Lyon-INSPÉ

Dominique Chevé, IRL ESS CNRS

Florent Chossière, université Gustave Eiffel

Thierry Coanus, ENTP, UMR EVS

Françoise Cognard, université Clermont Auvergne

Béatrice Collignon, université Bordeaux-Montaigne

Joan Cortinas Munoz, université de Bordeaux

Gilbert David, IRD-UMR Espace-Dev

Bernard Debarbieux, université de Genève

Armelle Decaulne, université de Rennes

Eric Denis, UMR Géographie-cités

Henri Desbois, université Paris Nanterre

Pierre Desvaux, UMR PACTE, UMR EVS

Guy Di Méo, université Bordeaux-Montaigne

Stéphane Dubois, académie de Clermont-Ferrand

Vincent Dubreuil, université Rennes 2

Martine Drozdz, UMR LATTS

Mathilde Fautras, université de Fribourg

Gabriel Fauveaud, université de Montréal

Catherine Fournet-Guérin, Sorbonne université

Marie-Christine Fourny, université Grenoble Alpes

Alia Gana, UMR LADYSS

Romain Garcier, école normale supérieure de Lyon

Alain Gascon, institut français de géopolitique

Solène Gaudin, université Rennes 2

Gaëlle Gillot, université Paris 1-Panthéon Sorbonne

Sabine Girard, INRAE

Colin Giraud, université Paris Nanterre

Alexis Gonin, université Paris Nanterre

Anthony Goreau-Ponceaud, université de Bordeaux

Christophe Grenier, université de Nantes

Pierre Guillemain, INRAE

Sébastien Hardy, IRD UMR IGE

André-Frédéric Hoyaux, université Bordeaux-Montaigne

Thomas Houet, LETG-Rennes COSTEL – UMR CNRS

Nicolas Jacob-Rousseau, université Lyon 2

Pierre Janin, IRD

Emmanuel Jaurand, université d'Angers

Abir Kréfa, université Lyon 2

Guillaume Lacquement, université de Perpignan Via Domitia

Yann Lagadec, université Rennes 2

Catherine Larrère, université Paris 1-Panthéon Sorbonne

Philippe Lavigne-Delville, université Paul Valéry

Olivier Lazzarotti, université de Picardie Jules Verne

Jean Legroux, universidade federal do Rio de Janeiro

Marc Levatois, académie de Créteil

Christine Liefooghe, université de Lille

Barbara Loyer, université Paris 8

Anna Madoeuf, université de Tours

Muriel Maillefert, université Jean Moulin Lyon 3

Aliocha Maldavsky, EHESS

Damien Marage, université de Franche Comté

Diego Mermoud-Plaza, bureau de sciences sociales appliquées à l'urbain et à la mobilité

Evelyne Mesclier, IRD

Julien Migozzi, university of Oxford

Annabelle Moatty, institut de physique du globe de Paris

Sophie Moreau, université Gustave Eiffel

Emmanuel Munch, laboratoire Ville Mobilité Transport

Pierre Pech, université Paris 1-Panthéon Sorbonne

Claire Portal, université de Poitiers

Monique Poulot, université Paris Nanterre

Michaël Pouzenc, université Toulouse 2

Jean-Luc Racine, EHESS

Céline Raimbert, université Gustave Eiffel

Julien Rebotier, université de Pau et des pays de l'Adour

Chloé Reiser, university of New Brunswick - Saint-John

Frédéric Richard, université de Limoges

Jérémy Robert, université Rennes 2

Irène Salenson, agence française de développement

Gabrielle Saumon, université de Limoges

Camille Schmoll, EHESS

Laurent Simon, université Paris 1-Panthéon Sorbonne

Kevin Sutton, université Grenoble Alpes

Bernard Tallet, université Paris 1-Panthéon Sorbonne

Jean-François Thémines, université de Caen

Jean-Marie Théodat, université Paris 1-Panthéon Sorbonne

Stéphane Tonnelat, UMR LAVUE

Pierre-Yves Trouillet, laboratoire Passages

Philippe Urvoy, UMR LAVUE

Philippe Valette, université Toulouse 2

# CONDITIONS DE PUBLICATION

Les articles publiés dans la revue font l'objet d'un processus de sélection rigoureux, reposant sur des évaluations anonymes par deux relecteurs spécialistes des thématiques de l'article, afin de garantir la qualité et l'actualité des recherches publiées. La diversité des profils des membres du **Comité de rédaction** et des **Correspondants étrangers** reflète l'ambition généraliste et internationale de la revue. Le Comité de rédaction assure le suivi épistémologique, définit les grandes orientations et se porte garant de la qualité scientifique des textes retenus. Les **Rédacteurs en chef** veillent au strict respect des normes formelles (voir ci-dessous).

## Recommandations générales

Les propositions d'articles, de notes ou de comptes rendus de lecture sont à adresser par e-mail au secrétariat de rédaction de la revue : annales-de-geo@armand-colin.fr

## Volume des textes

« **Article scientifique** » : 50 000 à 60 000 signes, notes et espaces comprises (hors bibliographie).
« **Note** » : environ 30 000 signes, notes et espaces comprises (hors bibliographie).
« **Compte rendu de lecture** » : 3 000 signes au maximum, notes et espaces comprises.
Si le texte est accompagné d'**illustrations**, elles doivent être fournies séparément, de préférence au format .ai ou au format .jpeg. En raison de l'édition papier de la revue, toutes les illustrations doivent être en **noir et blanc**.

## Présentation des manuscrits

Préciser en tête du manuscrit s'il s'agit d'un **article**, d'une **note** ou d'un **compte rendu**.
Indiquer en début d'article le **nom et prénom de l'auteur** ; sa **fonction** ; le **lieu d'enseignement et/ou laboratoire de recherche** ; l'**adresse administrative** ; un **e-mail**.
Les articles et notes doivent comporter des intertitres (trois niveaux au maximum. Exemple : 1., 1.1., 1.1.1.).

## Résumé et composantes bilingues

L'auteur est invité à fournir **en français et en anglais** (prioritairement) le titre de l'article, le résumé (15 lignes au maximum), les mots-clefs (entre 5 et 10), les titres des figures.

## Bibliographie

La référence d'un ouvrage doit mentionner, dans l'ordre :
- pour un **ouvrage** : Nom de l'auteur, Initiale du prénom. (Année de publication), *Titre de l'ouvrage*, Lieu de publication, Éditeur, pages.
Exemple : Pelletier, P. (2011), *L'Extrême-Orient : l'invention d'une histoire et d'une géographie*, Paris, Gallimard, 887 p.
- pour un **article** : Nom de l'auteur, Initiale du prénom. (Année de publication), « Titre de l'article », *Titre de la revue*, numéro, pages.
Exemple : Di Méo, G. (2012), « Les femmes et la ville. Pour une géographie sociale du genre », *Annales de géographie*, n° 684, p. 107-127.

**Tarifs d'abonnement 2024 TTC** (Offre valable jusqu'au 31 décembre 2024)

| | France | Étranger (hors UE) | |
|---|---|---|---|
| Particuliers | ☐ 105 € | ☐ 125 € | Chaque abonnement donne droit à la livraison des 6 numéros annuels de la revue et à l'accès en ligne aux articles en texte intégral aux conditions prévues par l'accord de licence disponible sur le site **www.revues.armand-colin.com**. |
| Institutions | ☐ 265 € | ☐ 320 € | |
| e-only Institutions | ☐ 210 € | ☐ 245 € | |
| Étudiants (sur justificatif) | ☐ 80 € | ☐ 80 € | |

Prix au fascicule : 20 €

**Abonnements et vente au numéro des *Annales de Géographie***
Dunod Éditeur, Revues Armand Colin – 11, rue Paul Bert – CS 30024 – 92247 Malakoff cedex
Tél. (indigo) : 0 820 800 500 – Étranger : +33 (0)1 41 23 66 00 – Fax : +33 (0)1 41 23 67 35
Mail : revues@armand-colin.com

**Vente aux libraires**
U.P. Diffusion / D.G.Sc.H. – 11, rue Paul Bert – CS 30024 – 92247 Malakoff cedex – Tél. : 01 41 23 66 00 – Fax : 01 41 23 67 30